Afreen Khursheed
Kavita Khursheed

Automatyzacja Wypełnienia Dummy dla technologii DSM

Afreen Khursheed
Kavita Khursheed

Automatyzacja Wypełnienia Dummy dla technologii DSM

Podejście głębokiego uczenia się

Wydawnictwo Bezkresy Wiedzy

Imprint
Any brand names and product names mentioned in this book are subject to trademark, brand or patent protection and are trademarks or registered trademarks of their respective holders. The use of brand names, product names, common names, trade names, product descriptions etc. even without a particular marking in this work is in no way to be construed to mean that such names may be regarded as unrestricted in respect of trademark and brand protection legislation and could thus be used by anyone.

Cover image: www.ingimage.com

This book is a translation from the original published under ISBN 978-620-0-47098-0.

Publisher:
Wydawnictwo Bezkresy Wiedzy
is a trademark of
Dodo Books Indian Ocean Ltd., member of the OmniScriptum S.R.L Publishing group
str. A.Russo 15, of. 61, Chisinau-2068, Republic of Moldova Europe
Printed at: see last page
ISBN: 978-620-0-81847-8

Copyright © Afreen Khursheed, Kavita Khursheed
Copyright © 2020 Dodo Books Indian Ocean Ltd., member of the OmniScriptum S.R.L Publishing group

.SPIS TREŚCI

ROZDZIAŁ - 1

WPROWADZENIE

1.1 DFM

Przepaść między projektowaniem a produkcją rośnie w zastraszającym tempie wraz ze wzrostem rozmiaru i złożoności chipów oraz spadkiem geometrii procesów, a także wraz ze wzrostem presji rynkowej i spadkiem cyklów życia produktów. Wyłaniający się stan produkcji półprzewodników w nanometrach wymaga, aby projektanci z góry wzięli pod uwagę zdolność produkcyjną, a nie pozostawili jej jako kosztownej i czasochłonnej refleksji oraz standardowych ogniw - elementów składowych nowoczesnego projektowania półprzewodników - jest naturalnym punktem wyjścia dla tego wysiłku.

Projektowanie dla produkcji (DFM) stało się więc jednym z kluczowych czynników projektowania nanometrów w ciągu ostatniej dekady i staje przed coraz większymi wyzwaniami wynikającymi z ograniczeń produkcyjnych. Wyzwania związane z produkcją i procesem produkcyjnym obejmują problemy związane z drukowalnością spowodowane głęboką litografią podłużną, zmiennością topografii spowodowaną chemiczno-mechanicznym polerowaniem (CMP), przypadkowymi wadami spowodowanymi brakiem i dodatkowym materiałem, pustką przelotową i innymi.

Chociaż na wcześniejszych etapach projektowania, takich jak tworzenie synopisów logicznych i umieszczanie, podejmowane są inne świadome wysiłki w zakresie zdolności produkcyjnych, często uważa się, że fizyczny zasięg etapu projektowania jest jednym z najskuteczniejszych etapów projektowania w celu rozwiązania problemów dotyczących zdolności produkcyjnych. Tworzenie metod projektowania fizycznego{5} w celu uwzględnienia kwestii związanych z produkcją (zmienność topografii ze względu na CMP, wady losowe, litografia i nadmiarowe przepusty) jest ściśle powiązane z siecią połączeń, która jest określana głównie poprzez trasowanie i łączność układu. W ciągu ostatniej dekady zainwestowano znaczne wysiłki akademickie i przemysłowe w celu zapewnienia wydajnych rozwiązań w zakresie produkcji nanometrów.

W tym rękopisie przedstawiamy przegląd zmian topograficznych wynikających z chemiczno-mechanicznego polerowania (CMP), które jest jednym z głównych problemów produkcyjnych dla technologii 130nm i poniżej. Przeanalizujemy również przyczyny i skutki tego zjawiska i będziemy dysponować wystarczającą metodą inteligentnego dummy-fill, aby przezwyciężyć te problemy. Dzięki takiemu podejściu, projektanci mogą przejść do ostatecznego nagrania, mając pewność, że uzyskane dane produkcyjne są w pełni zgodne z litografią.

1.2 MOTYWACJA

Proces przetwarzania projektu na pracujący krzem zawsze był trudny, ale przejście na zaawansowane węzły (te przy 130 nm i poniżej) znacznie podniosło ante. Zmienność procesu, dawniej efekt drugiego rzędu, obecnie przesuwa się do przodu i do środka jako znaczący wpływ, ponieważ projektanci mają mniej miejsca do pracy, więcej funkcji do uwzględnienia oraz coraz mniejsze marginesy błędu, aby umożliwić nieuniknione zmiany w produkcji bez wpływu na wydajność i/lub wydajność.

Na przykład, różnice w grubości powstałe w wyniku przetwarzania chemiczno-mechanicznego (CMP) mogą prowadzić do problemów z produkcją i parametrami. Na szczęście, jedna z technik zarządzania zmiennością grubości ewoluowała wraz z naszym przejściem do mniejszych węzłów procesu - stosowania wypełnień metalowych. Wypełnienie metalowe próbuje osiągnąć równomierny rozkład metalu na matrycy poprzez dodanie niefunkcjonalnych kształtów metalu do "białej przestrzeni" w projekcie. Jednym z celów wypełnienia metalowego jest zmniejszenie różnic w grubości, które występują podczas CMP. Osiągając bardziej jednolitą grubość, projektanci mogą zredukować wahania w odporności połączeń.

Jednakże, dodanie zbyt dużej ilości wypełnienia może zwiększyć pojemność pasożytniczą. Celem każdego rozwiązania w zakresie napełniania jest dodanie minimalnej ilości wypełnienia we właściwych miejscach i we właściwych kształtach, aby zoptymalizować wydajność przy jednoczesnym zminimalizowaniu różnic w produkcji.

W tym rękopisie przyjrzymy się ewolucji metalowych rozwiązań w zakresie napełniania i omówimy, w jaki sposób najnowsze technologie napełniania wspierają potrzebę zaawansowanej analizy w celu zarządzania zmiennością produkcji i wydajności, która występuje w mniejszych węzłach technologicznych.

W rozdziale 2 opisano potrzebę przyjęcia techniki chemicznego polerowania mechanicznego w procesie produkcji wyrobów scalonych. Zły wpływ tej metody na planarność powierzchni i efektywną gęstość metalu. Druga połowa rozdziału rzuca światło na ewolucję zasad dotyczących gęstości i należy zapewnić, aby projekt dobrze spełniał swoje zadanie.

Rozdział 3 podaje definicję wypełnienia DUMMY. Wyjaśniono w nim, w jaki sposób można rozwiązać problem wygładzania metalu spowodowany nadmiernym polerowaniem poprzez wprowadzenie tych niefunkcjonalnych wzorów.

W rozdziale 4 przedstawiono wielopoziomowe ramy dla rozwiązania problemu wstawiania manekinów. Omówiono w nim zasadę gęstości dla systemu GDS przesyłanego strumieniowo w technologii 130nm(0,13μm).

Wreszcie, w ostatnim rozdziale omówiono krótki wniosek dotyczący wykonanej pracy i możliwych prac do wykonania w przyszłości.

1.3 PRZEGLĄD LITERATURY

W bardzo głębokim podsubmikronowym VLSI, etapy produkcji obejmujące planaryzację chemiczno-mechaniczną (CMP) mają różny wpływ na właściwości urządzeń i połączeń, w zależności od lokalnej charakterystyki układu. Aby zmniejszyć zmienność produkcji spowodowaną CMP i poprawić przewidywalność parametrów i wydajność, układ musi być jednolity pod względem pewnych kryteriów gęstości, poprzez wprowadzenie geometrii "wypełnienia" do układu. Aktualny stan wiedzy w branży w zakresie kontroli gęstości w CMP ma kilka kluczowych słabych punktów, w tym: (1) "dziedzictwo weryfikacji fizycznej" (narzędzia są oparte na silnikach geometrii warstwowej zoptymalizowanych dla operacji logicznych; narzędzia nie są upoważnione do zmiany układu; narzędzia nie mają świadomości funkcjonalnej; (2) stosowanie lokalnych i dyskretnych kontroli gęstości (w odniesieniu do małych, stałych "okien" w układzie); oraz (3) stosowanie niefizycznych modeli procesu CMP i wpływ zmian gęstości układu na planarność po CMP.

Praca wykonana w tym rękopisie jest skoncentrowana i skoncentrowana na zautomatyzowaniu ręcznego podejścia do manekina wypełniającego w celu przezwyciężenia powyższych braków.

Kilka badań dotyczyło problemu kontroli gęstości rozmieszczenia i znalazło dla niego rozwiązanie.

Ponieważ proces produkcyjny w coraz większym stopniu ogranicza fizyczne projektowanie i weryfikację układu [5] [9], jednym ze szczególnych wymogów jest kontrola. Zróżnicowanie produkcji w wyniku chemiczno-mechanicznego polerowania (CMP) [4] [6] [10]. W tym rękopisie przedstawiliśmy nowe, ujednolicone podejście do uchwycenia różnych modeli kontroli gęstości układu dla CMP. Pozwala **nam to** na zastosowanie metody SMAR DUMMY FILL, która jednocześnie odnosi się do różnych celów wypełnienia dla przestrzennych i efektywnych definicji gęstości. Nasza nowa zautomatyzowana metoda wypełniania manekinów jest bardziej dokładna i praktyczna niż konwencjonalne metody oparte na narzędziach.

Wypełnienia metalowe są zazwyczaj odsprzęgane podczas projektowania układów scalonych, ponieważ były one nakładane po tapecie i jako część przygotowania danych maski. W ten sposób niepożądane konsekwencje nie są brane pod uwagę przy obliczaniu wydajności chipa. Z drugiej strony opublikowano kwantyfikację pojemności sztucznych wypełnień metalowych na VLSI w oparciu o symulacje elektromagnetyczne 3-D [1] [2] [3]. Ciągłe doskonalenie badań z danymi zbliżonymi do rzeczywistych może pomóc projektantom nanometrów VLSI w osiągnięciu DFM. Nasze wdrożenie proponowanych metod zawiera kilka praktycznych cech i ulepsza obecną generację dostępnych narzędzi do kontroli gęstości układu

W firmie MODERN, w procesie produkcji zintegrowanej na bardzo dużą skalę, odlewnie zazwyczaj wymagają efektywnej gęstości metalu, aby osiągnąć jednolitość układu i optymalizację wydajności. Wypełnienia głupie są szeroko stosowane w celu zwiększenia gęstości rzadkich regionów. Ogólnie rzecz biorąc, kontrola gęstości układu składa się z dwóch faz: analizy gęstości i synopisu wypełnienia. Analiza gęstości decyduje o dostępnych pozycjach dla wypełnień atrapy. Synskrypt wypełniania oblicza ilość cech manekinów dla każdego okna gęstości [10], [17]-[20].

Większość wcześniejszych prac [7]-[14], koncentruje się na wypełnianiu synopisu. In this paper, we address the dummy-fill density-analysis problem and propose the algorithm which identifies feasible locations for dummy fillls such that the fill induced coupling capacity can be bounded within the given coupling threshold. Furthermore, our algorithm outlines the dummy fill regions such that no coupling violations will be introduced as long as the dummy fill fill are inserted in those regions.

1.4 TERMINOLOGIA

Poniżej znajduje się lista terminów i skrótów użytych w niniejszym rękopisie oraz ich objaśnienia:

1. ABLB analogowa granica warstwy blokowej
2. AREFArray Reference .Słowa kluczowego AREF nie można podać, jeśli typem bazy danych wyników DRC polecenia nie jest GDSII lub OASIS Słowo kluczowe AREF poleca Calibre DRC-H próbę utworzenia struktur GDS AREF lub powtórzeń OASIS (czyli umieszczenia tablicy o określonej nazwie komórki), z prostokątów o określonej szerokości i długości (podanych w jednostkach użytkownika). Struktury te stanowią wyjście z danego sprawdzenia reguł DRC.
3. cadence Cadence Design Systems jest wiodącą na świecie firmą EDA.
4 CALIBRE Calibre jest narzędziem Mentor Graphics służącym do fizycznej weryfikacji w przepływie wylogowania listy netto dla głębokich projektów submikronowych.
5 około 13 Technologia kadencji 130 nanometrów (0,13µ)

6 CMP chemiczno-mechaniczne polerowanie.
7 DFM Zasada projektowania dla produkcji. Zaczęło się to w odlewniach, w których produkcja wzrosła o 0,13%, a wiele konstrukcji miało problemy z rentownością. Aby poprawić

wydajność, niektóre zasady projektowania zostały zmodyfikowane. Te reguły projektowe są czasami nazywane regułami DFM.

8 DRK Kontrola zasad projektowania

9 GDS II SYSTEM DANYCH GRAFICZNYCH DO WYMIANY INFORMACJI

10 icfb Obwód zintegrowany Frontend Backend

11 JAZZ Jazz Semiconductor to niezależna odlewnia płytek waflowych nastawiona przede wszystkim na specjalistyczne technologie procesowe CMOS,

12 LSW okno wyboru warstwy otwarte po wywołaniu edytora układu

13 LVS Układ vs. Schemat

14 PERL Praktyczny język wyciągania i raportowania

15 RVE Jest to środowisko podglądu wyników DRC (DRC Result Viewing Environment)

16 SVRF Standardowy format reguł weryfikacji podany przez Mentor Graphics dla narzędzi skryptowych CALIBRE

17 TD Gęstość docelowa. Jest to określona przez użytkownika wartość docelowej gęstości komórek dla każdego metalu.

18 Wirtuoz Virtuoso jest edytorem układów, narzędziem CAD firmy CADENCE

19 biała przestrzeń przestrzenie prawne w projekcie układu, gdzie można wypełnić dodatkowy metal bez naruszania zasad

ROZDZIAŁ - 2

PLANARYZACJA CHEMICZNO-MECHANICZNA

2.1 MOTYWACJE HISTORYCZNE DLA CMP

Większość obecnych schematów metalizacji układów scalonych wykorzystuje w części lub w całości stopy aluminium jako metal łączący. Podczas gdy aluminium uważane jest za dobry przewodnik, o spoczynku 2,66, inne metale posiadają jeszcze niższe oporności spośród wszystkich metali oprócz aluminium, tylko srebro, miedź i złoto posiadają niższe oporności niż aluminium.Złoto jest korzystne ze względu na swoją wysoką odporność na korozję i elektromigrację, jednak złoto wykazuje tylko nieznaczną poprawę rezystywności Ponadto, jeśli zostanie wprowadzone do podłoża krzemowego, złoto drastycznie wpłynie na właściwości elektroniczne ze względu na dwa głębokie poziomy wprowadzone do luki w paśmie krzemowym. Chociaż srebro wykazuje najlepszą rezystywność, srebro ma również głębokie poziomy w paśmie krzemowym i jest bardzo szybkim dyfuzorem w tlenku krzemu. Znalezienie barier dla dyfuzji srebra do tlenku krzemu i krzemu okazało się trudne. Ponadto, ze względu na niską temperaturę topnienia, srebro ma słabą wydajność elektromigracji.

Spośród wszystkich metali o niższej oporności niż aluminium, miedź wydaje się być najbardziej atrakcyjna. Miedź ma tylko nieco większą rezystywność niż srebro i około 50% mniejszą niż obecnie stosowane stopy aluminium. Miedź ma wyższą temperaturę topnienia niż aluminium, co prowadzi do większej odporności na elekromigrację Układy scalone na bazie miedzi (8) są półprzewodnikowymi układami scalonymi, zwykle mikroprocesorami, które wykorzystują miedź do połączeń międzysystemowych. Ponieważ miedź jest lepszym przewodnikiem niż aluminium, chipy wykorzystujące tę technologię mogą mieć mniejsze elementy metalowe i zużywają mniej energii na przepuszczanie przez nie energii elektrycznej. Łącznie, efekty te prowadzą do uzyskania wyższej wydajności procesorów. Ponadto odporność na elektromigrację, proces, w którym metalowy przewodnik zmienia kształt pod wpływem przepływającego przez niego prądu elektrycznego i który ostatecznie prowadzi do przerwania przewodnika, jest znacznie lepszy w przypadku miedzi niż w przypadku aluminium. Ta poprawa oporności elektromigracyjnej pozwala na przepływ większych prądów przez przewód miedziany o danej wielkości w porównaniu z aluminiowym. Ponieważ wymiary połączeń są skalowane , metalowe połączenia są wymagane do przenoszenia większych gęstości prądu elektronów.

Ze względu na brak lotnych związków miedzi, miedź nie mogła być wzorowana na poprzednich technikach maskowania fotorezystywnego i wytrawiania plazmowego, które z dużym powodzeniem były stosowane w przypadku aluminium. Niezdolność do plazmowego wytrawiania miedzi wymagała drastycznego przemyślenia procesu modelowania metalu, a rezultatem tego przemyślenia był proces nazywany *modelowaniem dodatkowym* lub procesem "Damascenowym" lub "dwu-damascenowym".

2.2 DAMASCENE

Damascen jest poważnym problemem, który pojawia się w procesie interkonektów z wykorzystaniem standardowych miedzianych układów scalonych. Jest to proces wytwarzania interkonektów, w którym w izolacyjnej dielektrycznej warstwie i wypełnionej miedzią powstają rowki tworzące linie przewodzące. Dual Damascene jest wielopoziomowym procesem łączenia, w którym oprócz tworzenia rowków pojedynczego damascenu, tworzone są również przewody przewodzące przez otwory.

Podczas procesu łączenia, {9} warstwa dielektryczna ma osadzony na niej materiał fotorezystywny .Wzór pożądanych linii łączących jest rzutowany na materiał fotorezystywny za pomocą światła UV. Następnie fotorezystencja jest zmywana za pomocą rozpuszczalnika . Materiały dielektryczne w miejscach rzutu są wytrawiane, tworząc rowki w materiale dielektrycznym .

Miedź jest następnie osadzana na materiale dielektrycznym wraz z rowkami, które utworzą linie łączące. Polerowanie elektrochemiczne usuwa nadmiar miedzi z otoczenia linii łączeniowych, pozostawiając tylko miedź w postaci rowków tworzących linie łączeniowe.

2.3 KONTEKST WSTĘPU CMP

Chemiczno-mechaniczna planaryzacja (CMP) jest procesem, który może usunąć topografię z powierzchni tlenku krzemu, metalu i polikrzemu. Jest to preferowany etap planaryzacji stosowany w produkcji głębokich submikronowych układów scalonych. Nowsze skalowanie {14} wymiaru krytycznego tranzystora wymagało zastosowania CMP w takich zastosowaniach, jak wykopane połączenia metalowe (Cu damascene). W zasadzie, CMP jest procesem wygładzania i planowania powierzchni z połączeniem sił chemicznych i mechanicznych. Można go niejako uznać za hybrydę chemicznego wytrawiania i swobodnego polerowania ściernego. Samo szlifowanie mechaniczne może teoretycznie prowadzić do planaryzacji, ale uszkodzenie powierzchni jest duże w porównaniu z CMP. Z drugiej strony, sama chemia nie może osiągnąć planaryzacji, ponieważ większość chemikaliów

Reakcje są izotropowe. Jednak mechanizm usuwania i planaryzacji jest o wiele bardziej skomplikowany niż tylko rozpatrywanie osobno efektów chemicznych i mechanicznych. CMP wykorzystuje fakt, że wysokie punkty na waflu byłyby poddane większemu naciskowi klocka w porównaniu z niższymi punktami, co zwiększyłoby wydajność usuwania i pozwoliło na osiągnięcie planaryzacji.

2.3.1 Problem rybołówstwa

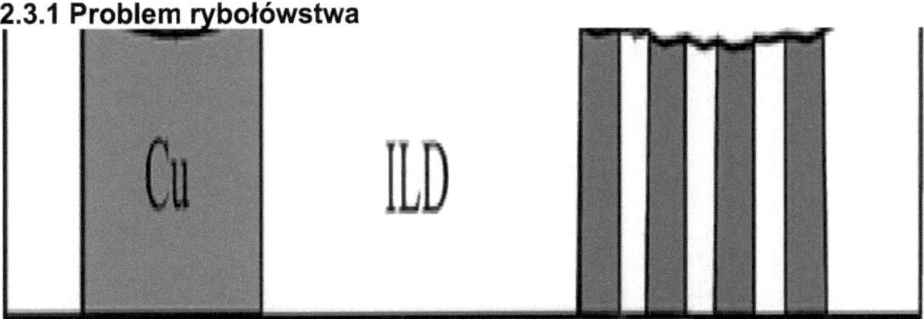

Rys.2.1. Ilustracja problemów z erozją tlenkową i zmatowieniem miedzi w procesie damascenowym.

Technologia CMOS sub130-nm, {15} polerowanie chemiczno-mechaniczne (CMP) jest szeroko stosowana jako podstawowa technika planaryzacji dielektryka międzywarstwowego (ILD) i powierzchni metalu. Jest to technologia wspomagająca proces damascenu miedzi o wysokim współczynniku usuwania metalu w rodzaju wykopu-pierwszej integracji. Jednak proces damascenu CMP wprowadza również niepożądane efekty uboczne, w tym erozję dielektryczną i obmywanie metalu. Rys. 2.1 ilustruje ich wpływ na przekroje poprzeczne linii metalowych po CMP. Oba efekty wynikają z różnic właściwości materiału pomiędzy dielektrykiem a metalem pod wpływem naprężeń chemicznych i mechanicznych. Zarówno erozja jak i zmatowienie pogarszają jakość procesu, powodują znaczne straty wydajności w tylnej części linii (BEOL), a także obniżają wydajność połączeń, szczególnie w przypadku bardzo szerokich połączeń globalnych i warstw metalu, które mają szeroki rozkład gęstości wzoru Zmatowienie miedzi definiuje się jako różnicę wysokości pomiędzy środkiem linii miedzianej - czyli najniższym punktem naczynia - a punktem, w którym następuje wyrównanie SiO2 - czyli najwyższym punktem SiO2.

Wyszlifowanie (1) oznacza, że na etapie elektrochemicznego polerowania miedzianych połączeń międzysystemowych, które usuwa dodatkową miedź osadzoną nad pożądanymi połączeniami międzysystemowymi, połączenia międzysystemowe są również lekko wypolerowane w środku.

To ostatnie niepożądane polerowanie{4} zmniejsza średnią grubość powstających połączeń miedzianych w sposób niekontrolowany i nieprzewidywalny. Powoduje to niekontrolowaną rezystancję miedzianych przewodów elektrycznych. Problem pogłębia się w przypadku szerszych przewodów miedzianych.

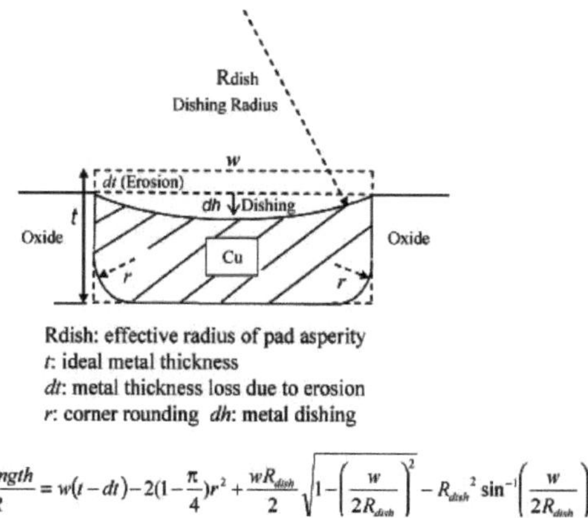

$$\frac{\rho \cdot length}{R} = w(t-dt) - 2(1-\frac{\pi}{4})r^2 + \frac{wR_{dish}}{2}\sqrt{1-\left(\frac{w}{2R_{dish}}\right)^2} - R_{dish}^2 \sin^{-1}\left(\frac{w}{2R_{dish}}\right)$$

Rysunek 2.2.. Model wygładzania metalu dla procesu damascenu miedzianego.

Wklęsło-cylindryczna powierzchnia jest wynikiem zarówno ogólnego mechanicznego polerowania, jak i zagregowanego zachowania się aspiryny talerza polerskiego w systemie CMP. W przypadku systemu CMP, usuwanie materiału odbywa się na styku mechanicznym talerza polerskiego z powierzchnią metalową, a stosunkowo wolniej na dielektryku. Chociaż różne asperity klocków mają różne rozmiary i wysokości, z równym prawdopodobieństwem stykają się one z każdą cechą linii. W rezultacie, wklęsło-cylindryczny kształt tworzy się na górze każdej z linii, szczególnie podczas nadmiernego polerowania. Wpływ polerowania metalu charakteryzuje się pomiarem rezystancji linii post-CMP (R). Ponieważ efekt wygładzania powoduje niepłaską powierzchnię metalu i ponieważ zmniejsza przekrój przewodzący prąd elektryczny, prowadzi to do większej oporności w porównaniu z teoretyczną wartością R dla linii o powierzchni płaskiej. Ponadto, ponieważ utrata grubości metalu spowodowana wygładzaniem wykazuje silną korelację z szerokością metalu, tzn. szersze linie ulegają silniejszemu wygładzaniu.

2.4 EWOLUCJA ZASAD DOTYCZĄCYCH GĘSTOŚCI

Wysoki koszt zestawów masek {2} dla procesów nanometrycznych stwarza znaczną presję na wykrywanie i korygowanie błędów na możliwie najwcześniejszym etapie procesu fizycznej weryfikacji. Aby dostarczyć udane, wysokowydajne projekty, które działają na pierwszym zestawie masek, konieczne jest sprawdzenie ich pod względem zgodności z kompletnym zestawem reguł projektowych, bez pomijania jakichkolwiek kroków.

Liczba i złożoność wymaganych i zalecanych zasad projektowania szybko rośnie. Nowe reguły przybliżają skomplikowane algorytmy optyczno-korygowania bliskości, które odlewnie stosują po tapecie do obchodzenia ograniczeń litografii podfalowej. Wyrafinowane zasady dotyczące **gęstości metalu odnoszą** się do erozyjnych efektów polerowania chemiczno-mechanicznego. Wyrafinowane zasady dotyczące odstępów między częściami metalowymi i rygorystyczne wymagania dotyczące wydajności i niezawodności. Odlewnie wprowadziły również pojęcie zakazanych podziałów, aby poprawić jednorodność wymiarów krytycznych. Reguły dotyczące anteny stały się bardziej złożone wraz ze wzrostem liczby warstw metalu i typów tranzystorów.

Skalowanie rozmiaru funkcji sprawia, że co dwa lata dostępnych jest o 80% więcej tranzystorów. Ograniczenia rozpraszania mocy {10} ograniczają skalowanie częstotliwości, więc projektanci zazwyczaj wykorzystują nowe procesy, integrując wiele funkcji na jednym układzie, zamiast podnosić częstotliwość taktowania.

Projektanci stoją zatem przed oczywistym dylematem: podczas gdy dłuższe cykle weryfikacji fizycznej mogą opóźnić czas wprowadzenia na rynek, niepełne sprawdzanie reguł może zmniejszyć wydajność, obniżyć niezawodność i unieważnić funkcjonalność. Dlatego ważne jest, aby zachować szczególną ostrożność przy projektowaniu ogniw RAM lub często używanych standardowych ogniw, aby zapewnić dobrą wydajność i efektywne wykorzystanie powierzchni. Pracuj z fab do modelowania przypadków, w których układ nie jest zgodny z zasadami projektowania - na przykład w przypadku zbyt małych odstępów, zbyt wąskich szerokości, zbyt krótkich nasadek końcowych lub minimalnej obudowy. Konieczne jest sprawdzenie całego projektu z pełnym zestawem wymaganych i zalecanych zasad, aby zapewnić dobrą wydajność projektu. Na szczęście najnowsze technologie weryfikacji fizycznej wykorzystują skalowalne, masowo równoległe przetwarzanie i umożliwiają radykalne skrócenie czasu cyklu weryfikacji fizycznej niezbędnego do przyspieszenia przepustowości przy jednoczesnym rozszerzeniu zakresu kontroli weryfikacji fizycznej o zalecane reguły potencjalnie zwiększające wydajność.

Dlatego zaleca się stosowanie kontroli gęstości na wczesnym etapie projektowania przepływu, aby zapewnić zgodność z zasadami dotyczącymi gęstości w miarę rozwoju projektu. Bardzo trudne może być ustalenie naruszeń norm gęstości w projekcie wstępnego wytłaczania.

2.4.1 Zasada gęstości miedzi

Procentowy udział miedzi w dowolnym obszarze o danej wielkości na układzie scalonym musi mieścić się w określonym wcześniej zakresie. Na przykład, gęstość miedzi może być wymagana na poziomie 15% i 85%. Gęstość może być sprawdzana automatycznie dla każdego 50µm kwadratowego obszaru w układzie scalonym. Przyczyną reguły gęstości miedzi (6) jest to, że warstwy w układzie scalonym powinny być płaskie, a jeśli jest za dużo lub za mało miedzi w warstwie płaskości mogą być naruszone lub innymi słowy, stosujemy regułę zakresu gęstości, aby zrównoważyć gęstość i grubość metalu.

ROZDZIAŁ - 3

CECHY DUMMY

Są one nieaktywne elektrycznie i nie służą do wspomagania optycznego. Dummyfle są wstawiane do układu w celu zmiany rozkładu gęstości wzoru. Ta procedura wstawiania jest czasami nazywana TILING, ponieważ wstawiane atrapy są zazwyczaj małymi wielokątami o podobnym kształcie.

Zasadniczo istnieją dwie powszechnie stosowane metody układania płytek

- Płytki ceramiczne oparte na regułach
- Płytki ceramiczne oparte na modelu

Biorąc pod uwagę model zależności między rozkładem gęstości wzoru a ostateczną topografią tlenkową po chemicznym mechanicznym polerowaniu,{18} problem umieszczenia cechy manekina polega na określeniu ilości i położenia (pokazanego na rysunku 3.1) wypełnienia manekina w układzie, tak aby przestrzegane były pewne ograniczenia, takie jak zasady projektowania elektrycznego i fizycznego, a pewne cele, takie jak minimalna zmienność zasięgu, były spełnione przez chemiczno-mechaniczne polerowanie topografii POST.

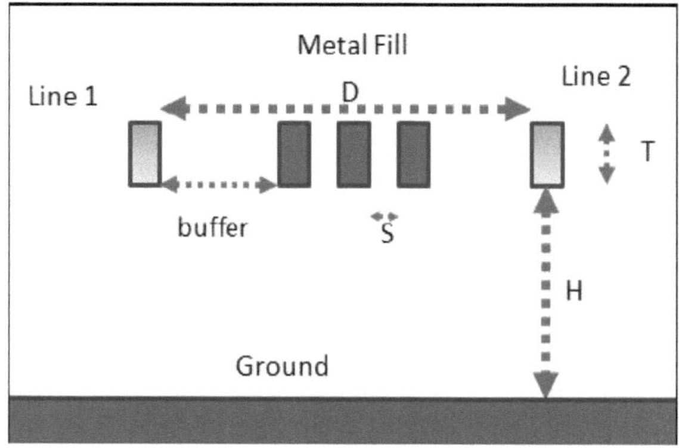

Rys. 3.1 Przekrój poprzeczny przykładowego zestawu wypełnienia metalowego. Wypełnienia metalowe D są umieszczane z zachowaniem optymalnej odległości skośnej S między nimi i są umieszczane w minimalnej odległości bufora od czynnych linii metalowych 1&2 w celu zapewnienia właściwej izolacji elektrycznej.

3.1 EWOLUCJA AUTOMATYCZNEGO NAPEŁNIANIA

Chociaż "projektowanie dla produkcji" wydaje się być najnowszym tematem w projektowaniu elektroniki, jest to pojęcie tak stare jak produkcja półprzewodników. Tak długo, jak długo istniały okna procesowe, projektanci musieli zajmować się fundamentalnym wyrazem zasad projektowania w zakresie zdolności produkcyjnej - projektowania. Na przykład reguły dotyczące minimalnej szerokości i przestrzeni wskazują na ograniczenia litograficzne w możliwości obrazowania małych struktur.

Reguły gęstości powstały w wyniku zmiany szerokości linii spowodowanej różnicami w szybkości trawienia. Wraz ze zmniejszaniem się szerokości linii w węzłach procesu dodano więcej reguł projektowania zaplecza, aby uwzględnić rosnący wpływ zmian spowodowanych procesem produkcyjnym. Podstawowym rozwiązaniem w przypadku naruszenia reguł gęstości było dodanie do projektu dodatkowych konstrukcji metalowych, które są niezależne od pierwotnej funkcjonalności układu. Ponieważ pierwsze zastosowanie tej techniki miało na celu "wypełnienie" białej przestrzeni w projekcie, te niefunkcjonalne konstrukcje tradycyjnie nazywano "wypełnieniem".

Rozwiązania w zakresie wypełniania (11) stają się coraz trudniejsze w każdym mniejszym węźle, ponieważ procesy produkcyjne i interakcje fizyczne stają się bardziej wrażliwe na niewielkie zmiany gęstości metalu. Ponadto, wydajność układu staje się bardziej wrażliwa na pasożytniczą pojemność (która jest zwiększona przez dodanie wypełnienia metalowego) i zmiany w oporności interkonektu (z powodu wpływu CMP na grubość metalu). Spełnienie wszystkich tych ograniczeń wymaga lepszej analizy w celu przewidzenia wpływu wypełnienia na produkcję i elektryczność, a także bardziej zaawansowanych algorytmów, które optymalizują wykorzystanie cech wypełnienia metalowego w celu rozwiązania trzech podstawowych problemów związanych z wypełnieniem.

Ostatecznym celem każdego zautomatyzowanego rozwiązania w zakresie napełniania jest optymalizacja pod względem gęstości, grubości i czasu. Ogólnie rzecz biorąc, projektanci szukają odpowiedzi na trzy pytania za pomocą każdego zautomatyzowanego rozwiązania w zakresie napełniania:

- Jakich kształtów używam?
- Ile powinienem użyć?

- Gdzie mam je położyć?

Wraz ze wzrostem znaczenia i wpływu zmienności grubości {20}, nasza zdolność do rozwiązywania problemów wydajnościowych i produkcyjnych z wypełnieniem metalowym została rozszerzona o coraz inteligentniejsze technologie wypełniania. Począwszy od tradycyjnego wypełnienia atrapy, poprzez wypełnienie oparte na gęstości i równaniach, aż po wypełnienie oparte na modelu, które odzwierciedla specyficzny proces CMP i wpływ projektu.

3.1.*1 Wypełnienie* głupie

Pierwsze zautomatyzowane techniki napełniania, wprowadzone ponad 20 lat temu, są obecnie ogólnie określane jako "dummy fill". Nazwa jest trafna z dwóch powodów: 1) metalowe kształty wypełnienia nie mają znaczenia elektrycznego, oraz 2) algorytm wypełnienia ślepo dodaje tyle wypełnienia do układu projektu, ile może, bez względu na wpływ elektryczny. Bottom line - tradycyjne podejście do manekina przedstawionego na rysunku 3.2 polega po prostu na dodawaniu kształtów wypełnienia bez jakiejkolwiek analizy projektowej w celu określenia kształtu wypełnienia lub tego, ile wypełnienia powinno zostać dodane do konkretnego projektu. Minimalne i maksymalne wartości procentowe gęstości projektowej są określone przez odlewnię na podstawie tego, co zgodnie z przewidywaniami ma być najbardziej wydajne we wszystkich projektach (np. 40% gęstości).

W atrapie wypełnienia, predefiniowane kształty wypełnienia{13} są wstawiane w pustych miejscach projektu, aż do momentu, gdy nie będzie już miejsca. Każda analiza gęstości jest wykonywana po dodaniu wszystkich kształtów. Wstawianie wypełnień domyślnych jest zazwyczaj wykonywane w fizycznej bazie danych projektu po zakończeniu pełnego złożenia układu scalonego. Ponieważ technika wypełniania jest całkowicie niezależna od projektu, dummy fill często dodaje więcej wypełnienia niż jest to faktycznie konieczne. Ponadto ze względu na fakt, że w algorytmach sztucznych wypełnień wykorzystuje się wstępnie ustawione wzory i rozmieszczenie, wpływ wypełnienia na czas nie jest brany pod uwagę.

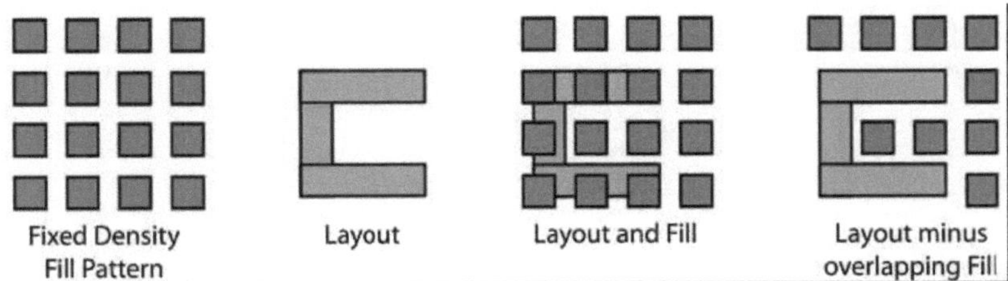

Rysunek 3.2 Wypełnienie śluzem jest stosowane do wszystkich konstrukcji w ten sam sposób.

3.1.2 Wypełnienie na podstawie gęstości

Mimo że wypełnienie jest nadal oparte na regułach, to jednak na podstawie gęstości dodaje się analizę projektową, aby zoptymalizować wypełnienie w miarę jego dodawania i dostraja wyniki do konkretnego projektu. Wypełnienie oparte na gęstości dzieli chip na okna, a następnie ocenia gęstość cech w każdym oknie i wstawia wypełnienie tylko wtedy, gdy gęstość jest poza różnymi ograniczeniami gęstości. Wypełnienie oparte na gęstości wymaga wielowymiarowego rozwiązania wypełnienia, ponieważ aby osiągnąć zasady dotyczące gęstości, musi ono uwzględniać wszystkie poniższe czynniki:

Wartości procentowe gęstości min/max, określone w ograniczeniach gęstości

Gradient zmian gęstości w oknach w projekcie

Magnituda - różnice między gęstościami min. i max. na całej matrycy.

Techniki wypełniania na bazie gęstości{16} mogą również próbować "wygładzić" zmiany gęstości pomiędzy przestrzeniami o dużej i małej gęstości poprzez zastosowanie wypełnienia gradientowego do umiarkowanych zmian gęstości w całym chipie. Wypełnienie oparte na gęstości zmniejsza również przeciętnie problemy z pojemnością pasożytniczą w porównaniu z wypełnieniem sztucznym, ponieważ wypełnienie oparte na gęstości wykorzystuje minimalną ilość wypełnienia potrzebną do spełnienia wymogów dotyczących gęstości.

Poprzez dodanie analizy wypełnienia podczas procesu napełniania, wypełnienie na bazie gęstości pozwala projektantom na zastosowanie rozwiązań specyficznych dla danego projektu, które minimalizują ilość dodawanego wypełnienia i redukują iteracje między wypełnieniem sztucznym a sygnofatem DRC. Daje to mądrzejsze odpowiedzi na trzy pytania dotyczące napełniania i umożliwia zespołowi projektantów lepszą kontrolę nad procesem napełniania.

3.1.3 Równanie - Wypełnienie bazowe

Kolejny etap ewolucji wypełnienia jest również oparty na regułach, ale stanowi przejściową próbę poradzenia sobie z rosnącą złożonością problemu wypełnienia w miarę dotarcia do mniejszych węzłów. Ta sama technologia używana do sprawdzania reguł projektowych opartych na równaniach (eqDRC) może być teraz używana z Smart Fill. Możliwość ta pozwala projektantom na analizę rozwiązań dotyczących wypełniania przy użyciu ciągłych, wielowymiarowych funkcji w miejsce liniowych warunków wystąpienia błędu przepustowości. Te równania reguł obliczeniowych mog± umożliwić dokładniejsz± rozdzielczo¶ć sprawdzania złożonych reguł wypełnienia, które nie mog± być wykonane tylko przy użyciu jednowymiarowych reguł obliczeniowych. Możliwość ta jest określana jako wypełnienie oparte na równaniach.

Wypełnienie oparte na równaniach (12) pozwala użytkownikom na uwzględnienie innych efektów oprócz gęstości. Jednym z przykładów może być użycie wypełnienia opartego na równaniach do rozważenia obwodu kształtów wypełnień w celu zmniejszenia zmienności, która występuje podczas procesu trawienia. Na głębokość trawienia wpływa zarówno gęstość, jak i obwód. Wypełnienie oparte na równaniach pozwala projektantom na uwzględnienie obu efektów podczas procesu wypełniania. Ta możliwość zbadania układu, a następnie wybrania zarówno ilości dodawanego wypełnienia, jak i kształtu wypełnienia, jest unikalna w branży. Technika ta ma charakter ewolucyjny, ponieważ wykorzystuje tę samą technikę co wypełnienie oparte na gęstości, polegającą na dzieleniu chipa na okna. Jednakże, ponieważ Smart Fill może zmieniać wartość dla każdego okna, może zoptymalizować wypełnienie w całym projekcie.

Wyniki reguły opartej na równaniach mogą nie tylko identyfikować naruszenia ograniczeń, ale ponieważ reguła jest wyrażona jako funkcja matematyczna, można ją "rozwiązać", aby określić względny udział każdego czynnika w wyniku. Funkcja ta umożliwia projektantom wykorzystanie wyników reguł projektowych opartych na równaniach do określenia, w jaki sposób należy zmienić kształt lub rozmieszczenie wypełnienia i o ile to możliwe. Pozwala to również projektantom na dokonywanie kompromisów projektowych - zmianę jednej cechy o więcej, aby uniknąć drastycznych zmian w innej - przy jednoczesnym zapewnieniu ogólnej zgodności z regułami projektu. W środowisku opartym na regułach, eqDRC może udzielić bardzo konkretnych odpowiedzi na nasze trzy pytania dotyczące wypełnienia, umożliwiając projektantom stworzenie wzorów wypełnienia, które zmaksymalizują korzyści płynące z wypełnienia, jednocześnie minimalizując jego wpływ na wydajność.

Jednakże zarówno techniki wypełnienia oparte na gęstości, jak i na równaniach nadal opierają się na przybliżonych efektach produkcyjnych dostarczanych przez odlewnię. Aby osiągnąć najwyższy stopień precyzji wypełnienia przed silikonem, projektanci muszą połączyć wymagania dotyczące wypełnienia z konkretnymi danymi projektowymi i produkcyjnymi.

3.1.4 Wypełnienie oparte na modelu

Aby osiągnąć najwyższy poziom dokładności i precyzji napełniania, projektanci muszą symulować rzeczywisty proces produkcyjny na konkretnym projekcie i wykorzystywać dane dotyczące przewidywanej grubości do napędu algorytmu napełniania. Symulując{19} proces CMP dostarcza danych dotyczących grubości, które są specyficzne dla danego projektu, umożliwiając algorytmowi wypełnienia nie tylko określenie, ile kształtów wypełnienia należy użyć i gdzie je umieścić, ale także, na podstawie informacji zawartych w modelu, określenie optymalnego kształtu metalu wypełnienia. Wykorzystanie symulacji CMP pozwala użytkownikom na wykonanie optymalnych wypełnień dla najbardziej zaawansowanych procesów w odlewni.

Wypełnienie oparte na modelu można również rozszerzyć o czas, w którym zespół projektowy dostarcza listę krytycznych sieci, którą wykorzystuje algorytm inteligentnego wypełniania, aby zminimalizować wpływ wypełnienia na czas poprzez umieszczenie wypełnienia dalej od tych krytycznych sieci.

3.2 WADA WYPEŁNIENIA MANEKINA

W odniesieniu do potencjalnych negatywnych skutków wprowadzania wypełnień obszarowych, z pewnością geometria wypełnień może mieć wpływ na pojemność połączenia, opóźnienie sygnału i przesłuch. Dokładna zmiana pojemności interkonektu zależy głównie od wielkości geometrii wypełnienia i odległości od linii interkonektu. Jednak dane eksperymentalne wskazują, że na pojemność gęstych linii nie mają znaczącego wpływu pływające geometrie wypełnień na sąsiednich warstwach, ponieważ ta pojemność jest zdominowana głównie przez sprzężenie sąsiadów w tej samej warstwie. Co więcej, mniejsze geometrie wypełnień redukują przesłuch do odległych sąsiadów i prowadzą do mniejszego wzrostu całkowitej pojemności.

3.2.1 Problem z przepełnieniem

W nowoczesnych procesach produkcyjnych VLSI, {17} każda następna warstwa materiału jest osadzana dopiero po tym, jak poprzednia warstwa materiału wraz z dielektrykiem izolacyjnym zostały wspólnie wypolerowane na płasko w procesie zwanym planaryzacją chemiczno-mechaniczną (CMP). Wynik CMP nie będzie płaski, jeżeli geometria ułożenia w poprzedniej warstwie materiału nie będzie wykazywała jednolitej gęstości przestrzennej. Dlatego też wiele milionów cech "fikcyjnego wypełnienia" jest wprowadzanych w nieliczne rejony układu, aby wyrównać gęstość przestrzenną kosztem drastycznego zwiększenia rozmiaru pliku (gds) danych układu. Rozszerzenie rozmiaru zmniejsza efektywność przekazywania projektu układu do procesu produkcyjnego.

ROZDZIAŁ - 4

PROPONOWANE ROZWIĄZANIE

W tym rękopisie proponujemy bardziej zaawansowany algorytm wstawiania manekinów, który optymalizuje wykorzystanie metalowych elementów wypełniających w celu spełnienia wymagań dotyczących wypełnienia, w zależności od potrzeb projektu. Opracowaliśmy ten algorytm dla Smart Fill, aby przezwyciężyć dany rysunek wsteczny narzędzia.

4.1 WADA PODEJŚCIA OPARTEGO NA NARZĘDZIACH

Zazwyczaj odlewnie wprowadziły te niefunkcjonalne wzory DUMMY do układu projektowego za pomocą narzędzia do weryfikacji fizycznej, które znajduje niezajęte obszary i wprowadza w te obszary wymagane wzory atrapy, upewniając się, że spełniają one zasady projektowania CMP i odpowiadają docelowej gęstości. Zazwyczaj przy użyciu tego narzędzia wykonuje się to w wielu przejściach, aby uwzględnić różne rozmiary, kształty i lokalizacje manekinów, co jest nie tylko czasochłonne, ale również zużywa zasoby.

4.2 STOSOWANA METODYKA PROJEKTOWANIA BADANEGO POJAZDU

Rysunek 4.1 przedstawia rzut poziomy pojazdu testowego. W tym miejscu użyliśmy 2000 mikronów na 2000 mikronów chipa składającego się z układu OPAMPS. Komórka OPAMP pokazana na rysunku 4.2 została zaprojektowana przy użyciu EDYTORA SCHEMATYCZNEGO VIRTUOSO, narzędzia CAD dostarczonego przez CADENCE do wprowadzania danych projektowych. Ten sam widok komórki jest teraz otwarty w EDYTORZE VIRTUOSO LAYOUT w celu przyspieszenia układu. Pojedyncza komórka OPAMP jest następnie instancjowana hierarchicznie, aby wypełnić cały obszar układu. Reguły DRC i DFM są uruchamiane w celu weryfikacji projektu, aby poprawić wydajność. GDS II jest przesyłany strumieniowo w technologii 130 nanometrów (0,13μ).

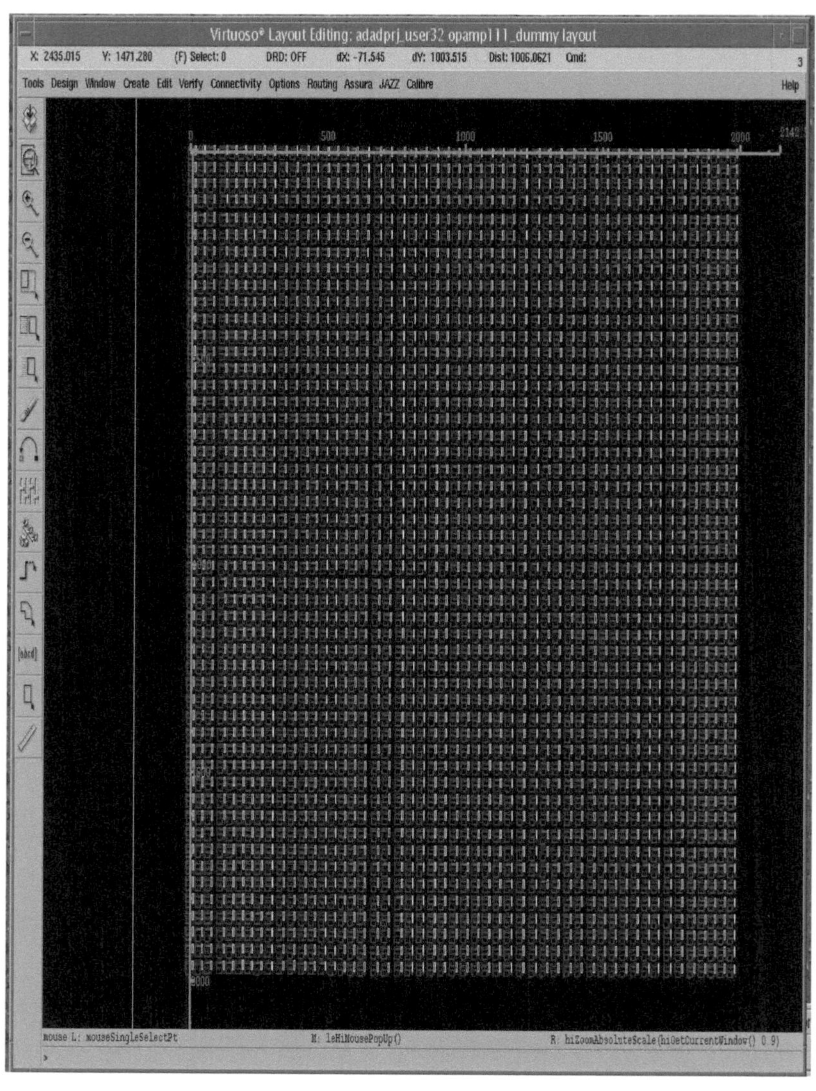

Rysunek 4.1 DODATKI EKSPLOATACYJNE SYSTEMU TESTÓW

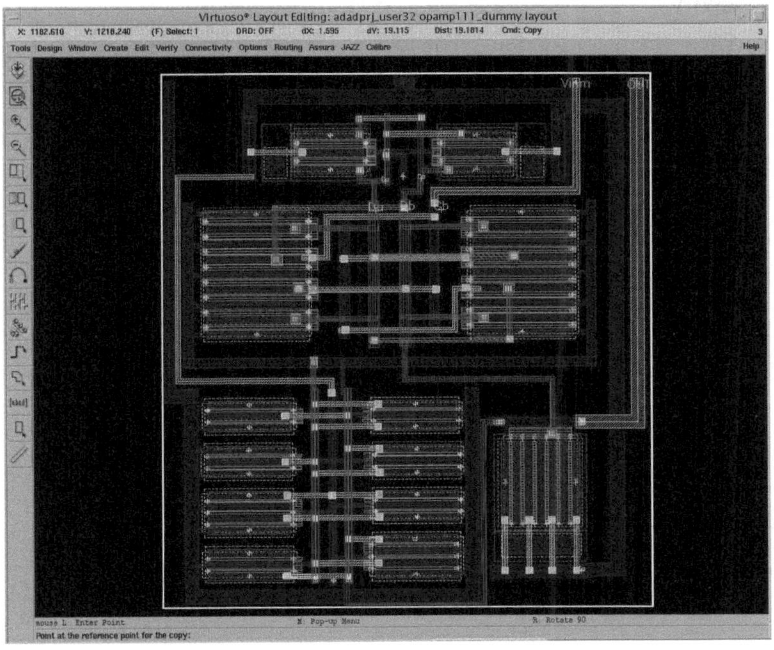

Rysunek 4.2 Widok GDS pojedynczego OPAMP-a

W tym rękopisie napisaliśmy niestandardowy skrypt w formacie CALIBRE SVRF dla narzędzia do weryfikacji reguł projektowania poprzez zautomatyzowanie całego procesu wypełniania manekinów poprzez przeprowadzenie kontroli gęstości DRC i odpowiednie wypełnienie manekinów w jednym ujęciu bez wielokrotnego wywoływania narzędzia. W przeciwieństwie do podejścia opartego na narzędziach, algorytm jest przeznaczony do hierarchicznego wypełniania manekinów.

4.3 ALGORYTM WPROWADZANIA ATRAPY WYPEŁNIENIA WYKRES PRZEPŁYWOWY

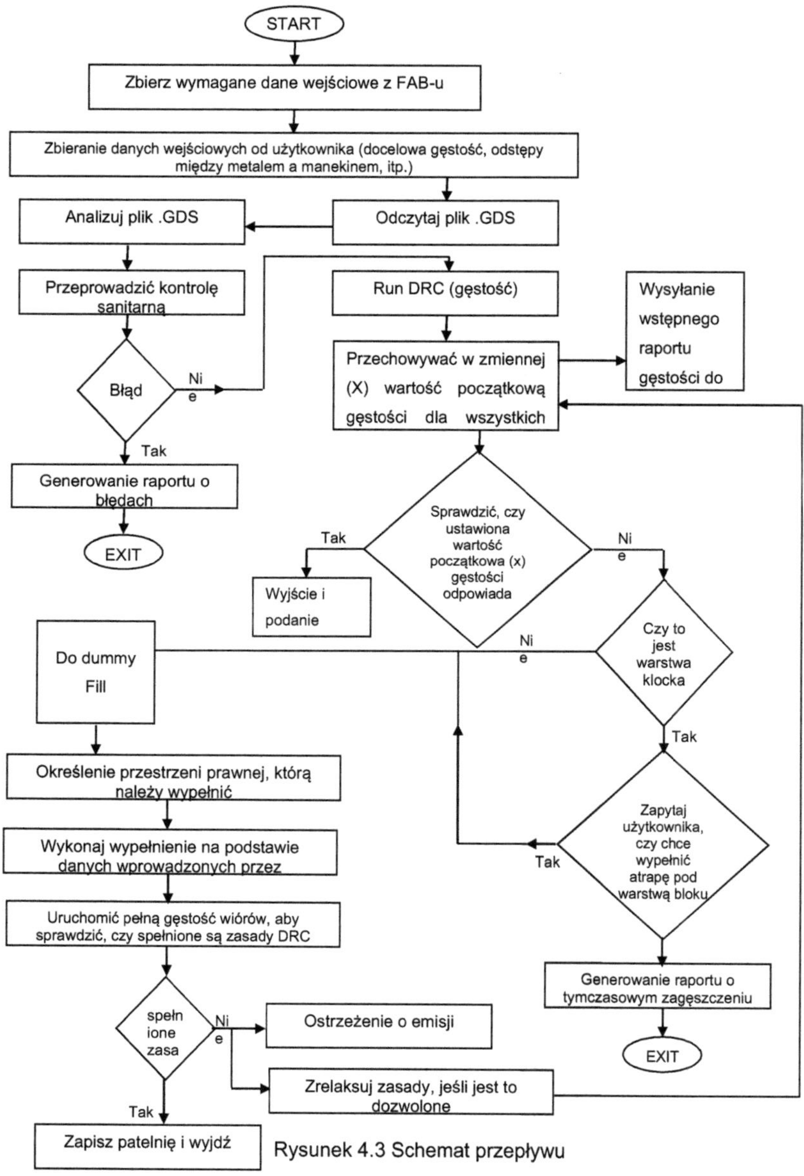

Rysunek 4.3 Schemat przepływu

Ogólnie rzecz biorąc, algorytm sztucznych wypełnień ma dwie fazy kontroli gęstości układu: *analizę gęstości* i *synonim wypełnienia*. Analiza gęstości określa dostępną powierzchnię dla cech manekina. Synskrypt wypełniania oblicza następnie ilość powierzchni wypełnienia, która powinna być dodana do każdej części układu w celu osiągnięcia jednorodności, a następnie generuje wymagane geometrie wypełnienia. Synskrypt wypełniania jest kluczowym etapem w przypadku wypełnień opartych na gradiencie, ponieważ rzeczywista liczba i pozycje manekinów miałyby bezpośredni wpływ na gradient gęstości. Z drugiej strony analiza gęstości może zagwarantować gęstość wstawionych manekinów pod daną granicą gęstości, co jest krytyczne przy rozważaniu ograniczeń dotyczących sprzężenia. W związku z tym pożądane jest połączenie tych dwóch faz w celu utworzenia zintegrowanego algorytmu wypełniania manekinów

4.3.1. Etapy, po których następuje algorytm wprowadzania imitacji wypełnienia w celu uzyskania optymalnej gęstości metalu lub inteligentnego wypełnienia

W algorytmie zautomatyzowaliśmy proces poprzez napisanie skryptu PERL do uruchomienia zadania. W pierwszym kroku wymagane jest zebranie niezbędnych danych wejściowych takich jak: Dummy_size, Dummy_spacing, Ilość metali, Skew_distance, Spacing pomiędzy aktywnym metalem, a odpowiadającym mu manekinem, Target Density , Top_cell_name, LAYOUT PATH,DRC results database, DRC results report, całkowita ilość metalu w zależności od technologii procesu, który stosujemy itp. Użytkownik zgodnie z wymaganiami projektowymi poda niektóre z parametrów wejściowych, inne zostaną pobrane z dokumentu odlewni JAZZ. Te parametry wejściowe będą przekazywane jako argumenty z terminala.

Następnym krokiem jest odczytanie GDS II. Istnieją różne formaty wymiany i przechowywania danych układu. Różne formaty to CIF (Caltech Intermediate format), Application Mebes i GDSII (oryginalny format strumienia calma). Format danych GDSII jest z kadencji do wymiany i przechowywania danych układu. Może być używany do eksportu i importu danych we wszystkich programach układu. GDSII przechowuje numery, ale nie w formacie ASCII, lecz jako bajty danych w podpisanej liczbie całkowitej lub rzeczywistej formalnej. W ASCII przechowywane są tylko nazwy komórek i bibliotek, dlatego do odczytu danych z pliku GDSII nie można użyć prostego edytora tekstowego.

Plik GDSII rozpoczyna się od następujących danych: nazwa biblioteki (znak ASCII), numer wersji, czas ostatniej modyfikacji, długość jednostki układu. Po tych danych następuje abstrakt komórki. Po tych danych następuje abstrakt komórki .Nazwa komórki jest w postaci zwykłego tekstu, jak również w pliku GDSII .Każdy element posiada numer typu danych, który charakteryzuje typ elementu (np. typ danych 0: układ normalny; typ danych 30: układ specjalny; typ danych 23: tekst pinów)

Gdy GDS jest strumieniem, wówczas SANITY CHECK jest wykonywany na pobranym układzie, aby przeanalizować, czy jest tam właściwy plik GDS, czy też nie. Jest to jeden ze sposobów na sprawdzenie, czy prawidłowy plik GDS jest przesyłany strumieniowo, czy też nie, możemy go porównać patrząc na plik PIPO LOG pokazany na rysunku 4.4.

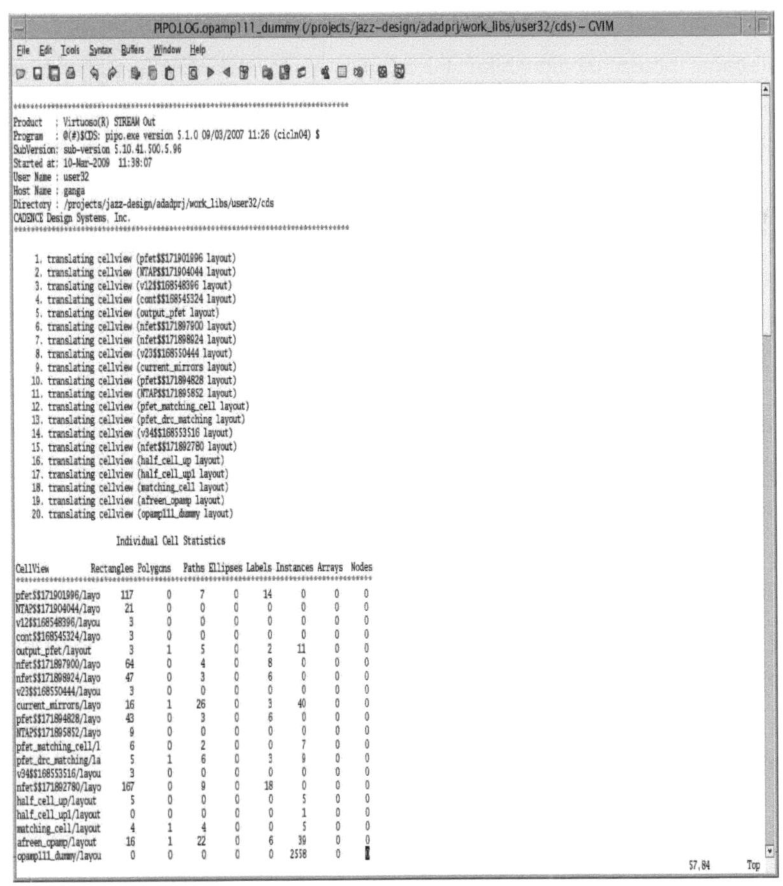


```
*************************************************************************
Product    : Virtuoso(R) STREAM Out
Program    : @(#)$CDS: pipo.exe version 5.1.0 09/03/2007 11:26 (cicln04) $
SubVersion: sub-version 5.10.41.500.5.96
Started at: 10-Mar-2009  11:38:07
User Name : user32
Host Name : ganga
Directory : /projects/jazz-design/adadprj/work_libs/user32/cds
CADENCE Design Systems, Inc.
*************************************************************************


    1. translating cellview (pfet$$171901996 layout)
    2. translating cellview (NTAP$$171904044 layout)
    3. translating cellview (v12$$168548396 layout)
    4. translating cellview (cont$$168545324 layout)
    5. translating cellview (output_pfet layout)
    6. translating cellview (nfet$$171897900 layout)
    7. translating cellview (nfet$$171898924 layout)
    8. translating cellview (v23$$168550444 layout)
    9. translating cellview (current_mirrors layout)
   10. translating cellview (pfet$$171894828 layout)
   11. translating cellview (NTAP$$171895852 layout)
   12. translating cellview (pfet_matching_cell layout)
   13. translating cellview (pfet_drc_matching layout)
   14. translating cellview (v34$$168553516 layout)
   15. translating cellview (nfet$$171892780 layout)
   16. translating cellview (half_cell_up layout)
   17. translating cellview (half_cell_up1 layout)
   18. translating cellview (matching_cell layout)
   19. translating cellview (afreen_opamp layout)
   20. translating cellview (opamp111_dummy layout)

                    Individual Cell Statistics
```

CellView	Rectangles	Polygons	Paths	Ellipses	Labels	Instances	Arrays	Nodes
pfet$$171901996/layo	117	0	7	0	14	0	0	0
NTAP$$171904044/layo	21	0	0	0	0	0	0	0
v12$$168548396/layou	3	0	0	0	0	0	0	0
cont$$168545324/layo	3	0	0	0	0	0	0	0
output_pfet/layout	3	1	5	0	2	11	0	0
nfet$$171897900/layo	64	0	4	0	8	0	0	0
nfet$$171898924/layo	47	0	3	0	6	0	0	0
v23$$168550444/layou	3	0	0	0	0	0	0	0
current_mirrors/layo	16	1	26	0	3	40	0	0
pfet$$171894828/layo	43	0	3	0	6	0	0	0
NTAP$$171895852/layo	9	0	0	0	0	0	0	0
pfet_matching_cell/l	6	0	2	0	0	7	0	0
pfet_drc_matching/la	5	1	6	0	3	9	0	0
v34$$168553516/layou	3	0	0	0	0	0	0	0
nfet$$171892780/layo	167	0	9	0	18	0	0	0
half_cell_up/layout	5	0	0	0	0	5	0	0
half_cell_up1/layout	0	0	0	0	0	1	0	0
matching_cell/layout	4	1	4	0	0	5	0	0
afreen_opamp/layout	16	1	22	0	6	39	0	0
opamp111_dummy/layou	0	0	0	0	0	2558	0	0

Rysunek 4.4 Plik PIPO LOG

Jeżeli w przypadku transmisji strumieniowej z niewłaściwym GDS-em, sterowanie wygeneruje tymczasowy raport i wyśle go do użytkownika jako raport ostrzegawczy i zakończy pracę. W przeciwnym razie, jeśli GDS jest poprawny, kontroler będzie sprawdzał gęstość DRC z punktu końcowego, nawet bez wywoływania narzędzia. Po uruchomieniu kontroli gęstości, każda wartość początkowa gęstości dla wszystkich sześciu metali zostanie automatycznie odczytana z raportu gęstości metalu i będzie przechowywana w tymczasowej zmiennej "x" bez konieczności ręcznego otwierania raportów gęstości oddzielnie dla każdego metalu, jak w podejściu opartym na narzędziach. W tym samym czasie zostanie wygenerowany i wysłany do użytkownika raport o początkowej wartości gęstości.

Następnym krokiem jest porównanie początkowej gęstości wszystkich sześciu metali z zalecaną przez użytkownika GĘSTOŚCIĄ TARGETOWĄ podaną w zależności od wymagań projektowych i reguły gęstości miedzi. Po porównaniu, jeżeli aktualna wartość gęstości dla któregokolwiek z sześciu metali jest równa docelowej wartości gęstości zdefiniowanej dla tego konkretnego metalu, zostanie wygenerowany raport informujący użytkownika, że GĘSTOŚĆ CENTRA jest spełniona dla tego konkretnego metalu z podanych sześciu metali, w przeciwnym razie kontrola przejdzie do programu napisanego w formacie SVRF Calibre do wypełniania manekinów metalu, którego gęstość nie jest optymalna.

Przed rozpoczęciem procesu wypełniania manekina zeskanuje on cały układ, aby sprawdzić, czy istnieje (DBL) DUMMY BLOCKING LAYER. Warstwy blokujące (Dummy Blocking LAYER) są zazwyczaj nakładane na CRITICAL NETS, gdzie użytkownik chce zablokować lub uniknąć wypełnienia manekinów. Te krytyczne siatki są analogowymi blokami, takimi jak wzmacniacze dyfuzyjne lub elementy pamięci. Podczas umieszczania manekinów w takich blokach należy zachować dodatkową ostrożność, aby uniknąć naruszenia charakterystyki elektrycznej. Siatki te są bardzo czułymi obwodami i należy zachować szczególną ostrożność podczas procesu napełniania, aby uniknąć zwarcia i sprzężenia pasożytniczego.

Gdy kontrolka natknie się na warstwę blokującą manekina, wyświetli się pytanie, czy chce wypełnić pod warstwą blokującą, czy nie. Jeśli użytkownik odmówi wypełnienia, wygeneruje raport o tymczasowej gęstości dla sieci pod warstwą blokującą i wyjdzie. W przeciwnym razie skieruje przepływ w stronę atrapy wypełnienia napisanej w formacie SVRF.

Algorytm umieszczania fikcyjnego wypełnienia wymaga bezpośredniej wiedzy o dokładnej współrzędnej istniejącego obiektu układu i jego otoczeniu. Aby obliczyć peryferie układu, wyprowadzi on warstwę za pomocą polecenia SVRF EXTENT, co spowoduje obliczenie całkowitej powierzchni granicy układu i zapisanie w pochodnej zmiennej warstwy "chip".

Następnie zostanie on poddany następującym etapom dla każdego metalu, którego gęstość nie jest spełniona przy wstawianiu manekinów w układzie.

```
// Dummy Metal1 Generacja
// *********************************************************
8.D.before {\i0}
 @ [zasada 8.D] Metal 1 Gęstość < 30% (przed wypełnieniem)
 GĘSTOŚĆ warstwy8 < 0,30 WKŁAD CZipa LAYER PRINT met1_before_fill.density
}
//DRC CHECK MAP dummy_m1 8 AREF rect8 9,0 9,0
8.F.przed {\i1}
 @ [zasada 8.F] Metal 1 Gęstość > 60% (przed wypełnieniem)
 GĘSTOŚĆ warstwy8 > 0,60 WKŁAD CZipa LAYER PRINT met1_before_fill.density
}
ckt8 = lay8 NOT lay29
m1_a = SIZE ckt8 BY +2.0 //Size up met1 in stages to improve exec time
m1_b = SIZE m1_a BY +3.0
m1_c = SIZE m1_b BY +4.5
m1_d = SIZE m1_c BY +8.0
m1_g = DUMM1 NOT m1_d
m1_h = m1_g NOT no_metal
m1_i = m1_h AND chip      //filt shapes bounded by origine data extent
m1_j = OBSZAR m1_i == 9,0     // zachowaj tylko całe kształty wypełnienia
dummy_m1 = m1_j NOT INTERACT met1blk
met1 = lay8 OR dummy_m1
show_dummymet1 {\i0}
 @ [This is not a check] fab-generated dummy metal 1 pattern
 Kopia manekina_m1
}
8.D.after {
 @ [Zasada 8.D] Metal 1 Gęstość < 30% (po wypełnieniu)
 GĘSTOŚĆ met1 < 0,30 WPROWADZENIE CZipa LAYER PRINT met1_after_fill.density
}
8.F.after {
 @ [zasada 8.F] Metal 1 Gęstość > 60% (po wypełnieniu)
 GĘSTOŚĆ met1 > 0,60 WKŁAD CZipa LAYER PRINT met1_after_fill.density
}
```

W ten sposób kontrola najpierw określi BIAŁĄ PRZESTRZEGĘ, czyli przestrzeń prawną, w której można umieścić atrapę bez naruszania zasad DFM podanych przez odlewnię. Biała przestrzeń przyjęta w tym projekcie jest równa sumie całkowitej efektywnej szerokości manekina podanej w dokumencie dotyczącym odlewni i dwukrotnej odległości bufora, tj. odległości aktywnego metalu od metalu. Poza tym pozostałe parametry, które są brane pod uwagę, to SKEW DISTANCE, tj. rzeczywisty pionowy i poziomy odstęp między dwoma sąsiadującymi manekinami określony w dokumencie dotyczącym odlewni JAZZ.

Po znalezieniu całego legalnego obszaru, na którym można wykonać wypełnienie, kontrola rozpocznie wprowadzanie wzorców. Wstawi ona tyle wzorców, ile jest w stanie bez naruszania reguły DFM i DRC. Kiedy proces wstawiania zakończy się, wtedy ponownie uruchomi DRC do kontroli gęstości, aby upewnić się, czy docelowy poziom gęstości jest osiągnięty czy nie. Jeśli wyniki są pozytywne, wówczas zapisuje wzorce i opuszcza je. W przeciwnym razie wyda ostrzeżenie i jednocześnie zapyta użytkownika, czy chce złagodzić zasady odlewania. Rozluźnienie reguł oznacza umożliwienie kontroli albo zmiany standardowego kształtu i rozmiaru wzorca, tak aby pomieścić większą liczbę wzorców lub pozwolić, aby wzorce pokrywały się z istniejącymi aktywnymi metalami procesowymi, w przypadku gdy w projekcie jest ograniczona biała przestrzeń. W tym ostatnim przypadku, jeżeli użytkownik daje możliwość rozluźnienia reguł, wówczas pętla zostanie ponownie uruchomiona i aktualna wartość gęstości zostanie ponownie zapisana w zmiennej tymczasowej x. Wartość ta zostanie ponownie porównana z GĘSTOŚCIĄ TARGETU. Dla tych metali, których wartość gęstości pokrywa się z wartością gęstości docelowej, kontrola wygeneruje raport gęstości tymczasowej i wyjdzie, podczas gdy dla pozostałych metali ponownie zainicjuje proces wypełniania manekina.

Algorytm ten będzie więc automatycznie iterował, aż do osiągnięcia docelowej gęstości z marginalnym wzrostem do wielkości GSD.

ROZDZIAŁ - 5

EKSPERYMENTALNY WYNIK

W tej sekcji porównaliśmy wyniki uzyskane za pomocą automatycznego algorytmu SMART FILL z wynikami uzyskanymi za pomocą podejścia opartego na narzędziach. Z porównania wynika, że liczba manekinów wstawionych przez nasz algorytm wynosi średnio tylko 59% liczby manekinów wstawionych na podstawie podejścia narzędziowego. Ta duża redukcja wynika głównie z minimalizacji gradientu i optymalizacji gęstości przez nasz algorytm. Jeżeli gęstość początkowa przed wypełnieniem regionu jest mniejsza i równomiernie rozłożona, nasz algorytm nie wprowadzi żadnego manekina do tego regionu, ponieważ gradient gęstości jest mały, ale narzędzie może wprowadzić wiele manekinów, ponieważ ograniczenie sprzężenia jest luźne, a obszary wypełnienia manekina są duże. The runtime overhead of our algorithm is only 4% than that used in conventional approach, implying that our method can effectively reduce the density variation within acceptable time.

5.1 PORÓWNANIE MIĘDZY OPARTYM NA NARZĘDZIACH PODEJŚCIEM POLEGAJĄCYM NA WYPEŁNIANIU MANEKINEM A ZAUTOMATYZOWANYM ALGORYTMEM

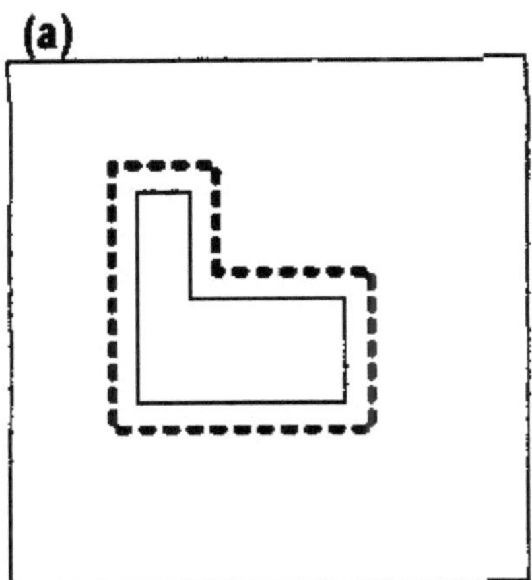

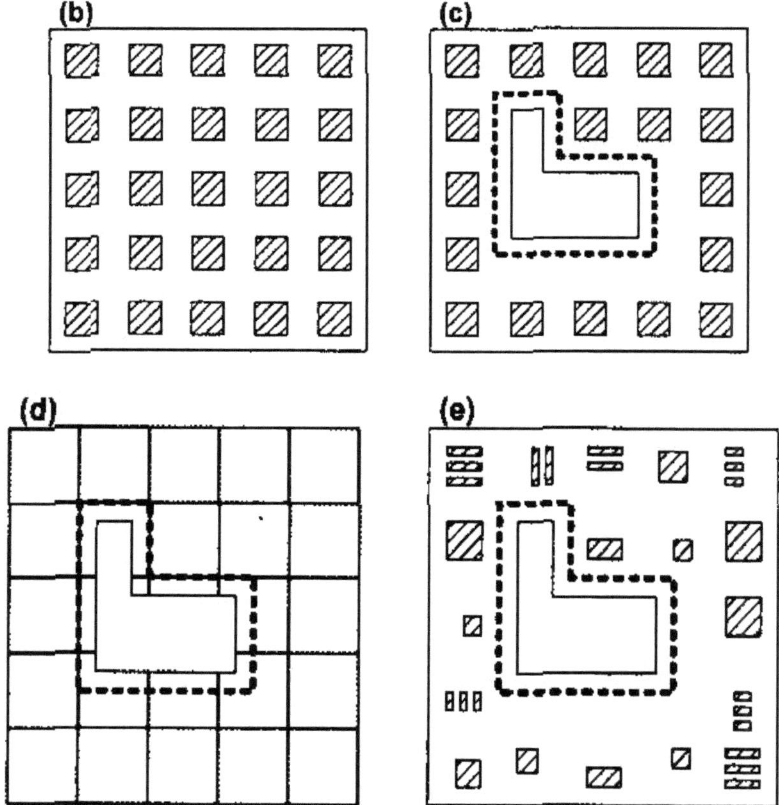

Rysunek 5.1 : Konwencjonalny i proponowany manekin o losowym kształcie wkładki. (a) As-designed layout with dummy feature exclusive zone in the dashed-line. b) Układ cech atrapy o gęstości 25 %. c) wynik konwencjonalnego wprowadzenia cech charakterystycznych manekina. d) niewypełniona powierzchnia nałożona z układem cech charakterystycznych manekina. e) wynik proponowanego randomizowanego wprowadzenia cechy manekina.

Na rysunku 5.1 porównano podejście oparte na narzędziach z proponowanym. Można wywnioskować, że podczas wstawiania manekina za pomocą narzędzia może on nakładać się na istniejący metal procesowy, powodując tym samym sprzężenie pojemności i wprowadzenie do projektu pasożyta RC.

5.2 KROKI ZASTOSOWANE W KONWENCJONALNYM PODEJŚCIU OPARTYM NA NARZĘDZIACH

Powoływanie się na narzędzie

W podejściu konwencjonalnym najpierw ładujemy środowisko CADENCE poprzez wywołanie okna icfb, jak pokazano na rysunku 5.2.

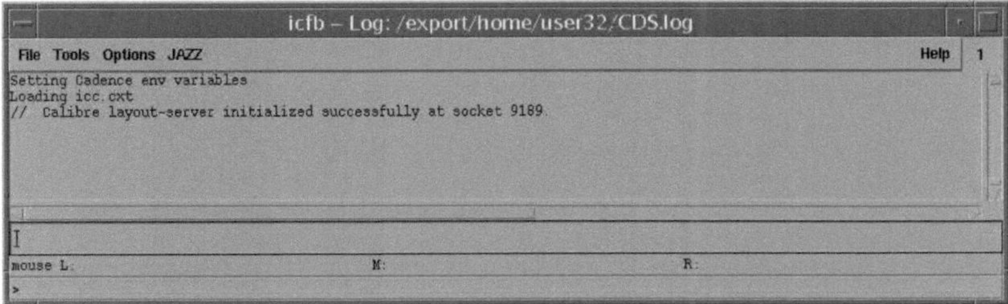

Rysunek 5.2 Okno logowania ICFB

Następnie z opcji Narzędzia wybierz Menedżer biblioteki, w wyniku czego pojawią się następujące okna pokazane na rysunku 5.3

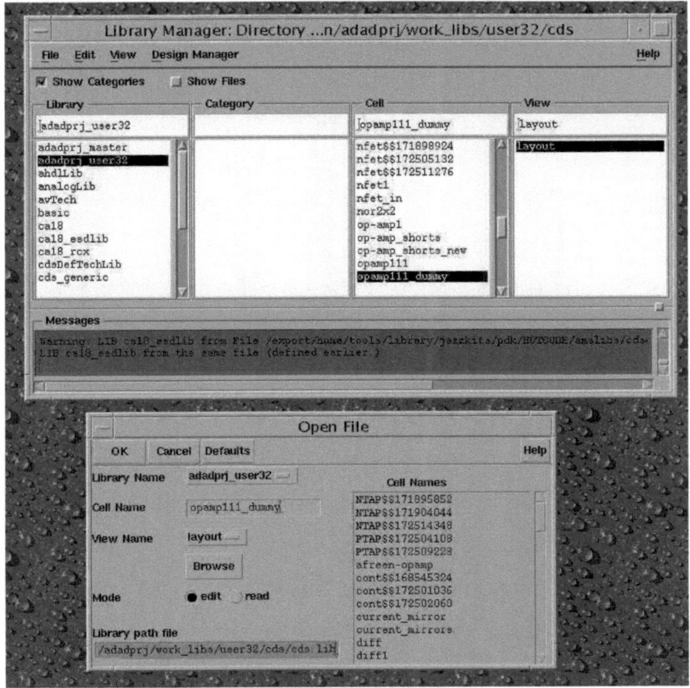

Rysunek 5.3 Okno menedżera biblioteki

po kliknięciu na przycisk OK widok GDS wybranej biblioteki zostanie otwarty w oknie edytora układu Virtuoso pokazanym na rysunku 5.4.

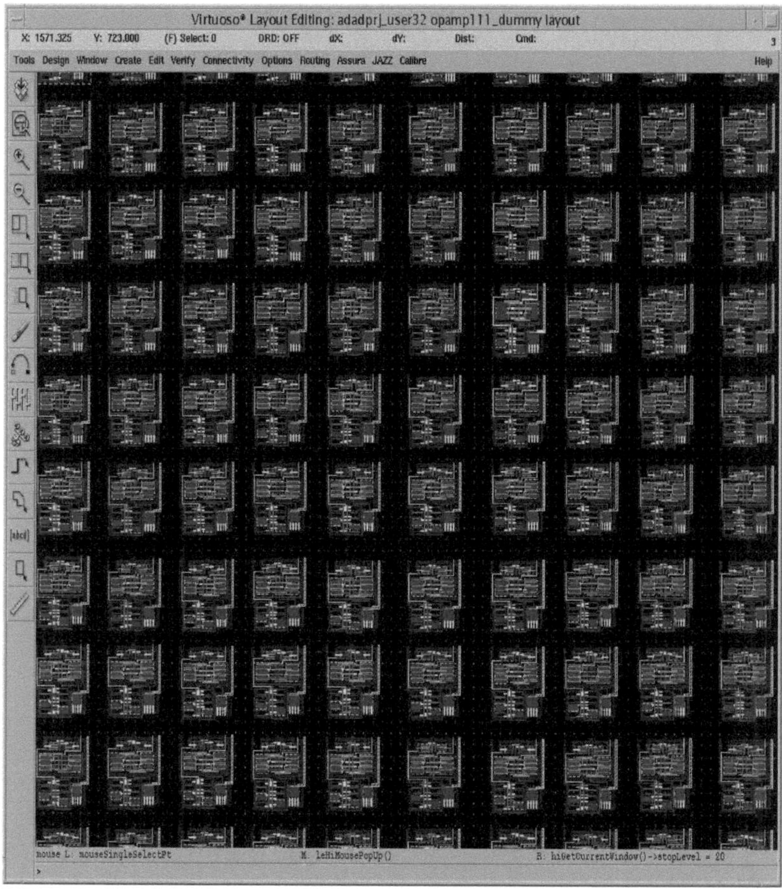

Rysunek 5.4 Widok GDS w wirtuozowskim edytorze układów graficznych

Teraz, aby wykonać sprawdzenie gęstości DRC na danym układzie przy użyciu konwencjonalnego podejścia opartego na narzędziach, musimy najpierw odwołać się do narzędzia weryfikacji fizycznej CALIBRE podanego przez Mentor Graphics . Tak więc po kliknięciu opcji kalibru na pasku narzędzi pojawi się następujące okno pokazane na rysunku 5.5, w którym klikamy opcję Uruchom DRC, aby sprawdzić, czy projekt nie narusza sprawdzenia reguł projektowania i czy spełnia wytyczne produkcyjne.

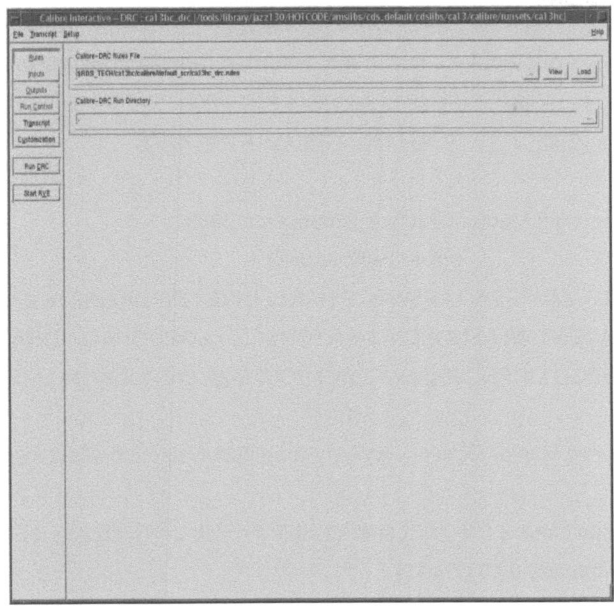

Rysunek 5.5 Interaktywne okno kalibru

Teraz, aby upewnić się, że Twój GARD spełnia określone kryteria gęstości, wybierz GĘSTOŚĆ z OPCJI PRZEBIEGU DRC w poniższym niestandardowym oknie ustawień pokazanym na rysunku 5.6, które pojawi się po kliknięciu przycisku RUN DRC w oknie CALIBRE Interactive -DRC

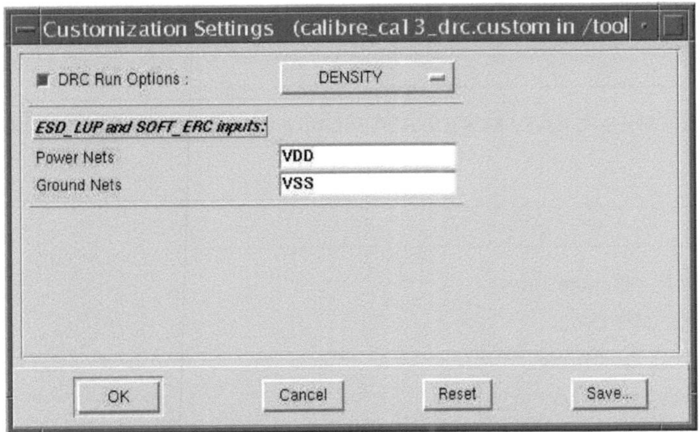

Illustracja 5.6 Niestandardowe okno ustawień kalibru

Po wciśnięciu przycisku OK po wybraniu opcji gęstości, transkrypt uruchomi pokład reguł DRC i poda następujące szczegóły w formie raportu podsumowującego DRC

// Calibre v2006.1_19.20 Fri Mar 10 16:29:44 PST 2006

// Litho Libraries v2006.1_19.19 Tue Mar 7 15:13:16 PST 2006

//

// Copyright Mentor Graphics Corporation 2005

/Wszystkie prawa zastrzeżone.

/TA PRACA ZAWIERA TAJEMNICE HANDLOWE I INFORMACJE ZASTRZEŻONE

/ KTÓRA JEST WŁASNOŚCIĄ MENTORSKIEJ KORPORACJI GRAFICZNEJ

/ LUB JEGO LICENCJODAWCÓW I PODLEGA WARUNKOM LICENCJI.

//

// Oprogramowanie Mentor Graphics wykonywane pod systemem i386 Linux

//

// Działa na gangu Linux 2.6.9-34.ELsmp #1 SMP Fri Feb 24 16:56:28 EST 2006 x86_64 glibc 2.3.4/linuxthreads-0.10 (2.4.19)

//

// Czas startu: Tue Apr 21 15:29:08 2009

//

// Uruchomiony na 1 procesorze

//

//

--- CALIBRE::DRC-H - Tue Apr 21 15:29:08 2009

----- STANDARDOWY MODUŁ KOMPILACJI PLIKÓW REGUŁ WERYFIKACJI -----

----

--- RULE FILE = drc.rules_new

#define DRC_OPT DRC

// #define DRC_OPT 0.295

ZMIENNA PWR_NAZWY "VDD"

ZMIENNA GND_NAMES "VSS"

LAYOUT PATH

"/projects/fabdes130/adadprj/work_libs/user7/cds/inv_layout_jns_07_04.gds".

```
//LAYOUT PATH "LAYOUT_PATH"/projekty/fabdes130/adadprj/work_libs/user7/cds/
LAYOUT PRIMARY "inv_layout_jns_07_04"
/UKŁAD PODSTAWOWY "TOP_CELL_NAME"
SYSTEM UKŁADOWY GDSII
/SYSTEM ŹRÓDŁOWY HSPICE
// ŚCIEŻKA ŹRÓDŁOWA "SOURCE_PATH"
//SOURCE PRIMARY "SOURCE_PRIMARY"
DATABASA WYNIKÓW MASKI "maskdb"
//LVS REPORT "LVS_REPORT_NAME"
GŁĘBOKOŚĆ TEKSTU PODSTAWOWY
DATABASA WYNIKÓW DRC
"/export/home/user7/run_cal/drc_module/reports/drc_database.rpt" ASCII
RAPORT SUMARYCZNY DRK
"/export/home/user7/run_cal/drc_module/reports/drc.report" REPLACE
/*
LVS POWER NAME LVS_POWER_NAMES
LVS NAZWA NAZIEMNA LVS_GROUND_NAMES
LVS FILTR NIEUŻYWANA OPCJA FILTER_UNUSED
LVS ROZPOZNAJE BRAMY SIMPLE_NONE
LVS REDUCE PARALLEL MOS REDUCE_YESNO
REDUCE LVS SPLIT BRAMY REDUKUJĄ_YESNO
LVS ISOLATE SHORTS ISOLATE_YESNO
LVS ROZDZIELCZOŚĆ MAJĄTKOWA MAKSYMALNIE WSZYSTKIE
*/
PRECYZJA 1000
/JEDNOSTKA DŁUGOŚCI MIKRONA
FLAG SKEW    TAK
FLAGA OFFGRID TAK
KWAS FLAGOWY    TAK
/include "/projects/fab-design/icmlprj/pev_decks/common.rules"
//include "/toolss/fab/PDK/PDK-kit/HOTCODE/techs/generic/calibre/generic_density.rules".
obejmują "/export/home/user7/run_cal/drc_module/input-density.rules".
--- STANDARDOWY MODUŁ KOMPILACJI PLIKÓW REGUŁ WERYFIKACJI ZOSTAŁ
ZAKOŃCZONY. CPU TIME = 0 REAL TIME = 0
---------------------------------------------------------------------------
```

----- MODUŁ WPROWADZANIA DANYCH UKŁADU KALIBRU ----
-

--- LAYOUT SYSTEM = GDS

--- POWIĘKSZENIE UKŁADU = 1

----- STRESZCZENIE INFORMACJI W PLIKU GDS -----

FILMOWANIE GDSÓW:

/projekty/fabdes130/adadprj/work_libs/user7/cds/inv_layout_jns_07_04.gds

WERSJA GDY: 5

NAZWA BIBLIOTECZNA: ADADPRJ_USER7.DB

OSTATNIO ZMIENIONA: W DNIU 2009/4/7 O GODZ. 15:48:51

OSTATNIE DOSTĘPNE: W DNIU 2009/4/21 O 14:28:35

PRECYZJA DATABASOWA: 0,001 jednostek użytkownika na jednostkę bazy danych

PRECYZJA FIZYCZNA: 1e-09 metrów na jednostkę bazy danych

POWIĘKSZENIE: 1

----- DANE WEJŚCIOWE GDS DLA POSZCZEGÓLNYCH KOMÓREK

NAZWY KOMÓREK TABLICE ROZMIESZCZENIA WIELOKĄTÓW TEKSTY ŚCIEŻEK

----

inv_layout_jns_07_04 0 0 24 0 4

UWAGA: NIEUŻYTKOWANE dane geometryczne są obecne na następujących parach warstw/datatatów:

WARSTWA = 1 DATATYPE = 0
WARSTWA = 2 DATATYPE = 0
WARSTWA = 5 DATATYPE = 0
WARSTWA = 6 DATATYPE = 0
WARSTWA = 7 DATATYPE = 0
WARSTWA = 11 DATATYPE = 0

UWAGA: Następujące wymagane proste warstwy to EMPTY:
802
803
804
805

--- KONSTRUKTOR BAZY DANYCH UKŁADU ZAKOŃCZONY. CPU TIME = 0 REAL TIME = 0 LVHEAP = 1/1/1

KONSTRUOWANIE HIERARCHICZNEJ BAZY DANYCH
KOPIOWANIE BAZY DANYCH UKŁADU
TEKST PRZETWARZANIA
ELIMINOWANIE PUSTYCH KOMÓREK
OBLICZANIE PROSTOKĄTNYCH ZAKRESÓW
ELIMINOWANIE DUPLIKATÓW STANOWISK
SPŁASZCZENIE NIEORTOGONALNYCH STANOWISK
KLONOWANIE POWIĘKSZONYCH MIEJSC
IDENTYFIKACJA KOMÓREK WARSTWY WIERZCHNIEJ
IDENTYFIKACJA BARDZO MAŁYCH KOMÓREK
SPRAWDZANIE OSTRE/POCHYLONE/SKOŚNE/ODCIĘTE OD SIATKI

PRZEKSZTAŁCAJĄCY BARDZO DUŻE TABLICE
ROZBUDOWYWANIE UNIKALNYCH, BARDZO MAŁYCH KOMÓREK
ROZSZERZAJĄCE SIĘ UNIKALNE ROZMIESZCZENIE KOMÓREK WARSTWY WIERZCHNIEJ
OBLICZANIE ZAKRESÓW PROSTOLINIOWYCH
ROZSZERZAJĄCE SIĘ UNIKALNE PRZEZROCZYSTE MIEJSCA NA KOMÓRKI
ROZWIJAJĄCY SIĘ BARDZO SKĄPY WACHLARZ LOKALI

ROZWIJAJĄCE SIĘ BARDZO SKĄPE LOKALIZACJE KOMÓREK
ROZSZERZAJĄCE SIĘ GĘSTE NAKŁADKI
ROZWIJAJĄCE SIĘ UNIKALNE META-KOMÓRKI
POPYCHANIE BARDZO MAŁYCH KOMÓREK
PRZESUWANIE KOMÓREK WARSTWY WIERZCHNIEJ
ROZSZERZAJĄCY SIĘ UKŁAD WTRYSKOWY
HIERARCHIA WTRYSKIWANIA
OBLICZANIE PROSTOKĄTNYCH ZAKRESÓW
POPYCHANIE BARDZO MAŁYCH KOMÓREK
PRZESUWANIE KOMÓREK WARSTWY WIERZCHNIEJ
TRANSFORMACJA KOMÓRKI OBLICZENIOWEJ DO ŚWIATA
ZAKRESÓW ROZMIESZCZENIA SORTOWANIA
HIERARCHIA PAKOWANIA
WARSTWY PRZEDPOŁĄCZENIOWE
laicki8
OBLICZENIOWE NAKŁADANIE SIĘ ZAPISÓW NA SIEBIE
OBSZARY NAKŁADANIA SIĘ KOMÓREK OBLICZENIOWYCH
PRZECINAJĄCE SIĘ MIEJSCA I OBSZARY NAKŁADANIA SIĘ
HIERARCHICZNY KONSTRUKTOR BAZY DANYCH KOMPLETNY.
CPU TIME = 0 REAL TIME = 0 LVHEAP = 0/3/3

----- OBIEKTY TEKSTOWE DO EKSTRAKCJI POŁĄCZEŃ -----

----- OBIEKTY TEKSTOWE DLA OPERACJI TEKSTOWYCH -----

----- OBIEKTY TEKSTOWE DO ROZSZERZANIA OPERACJI TEKSTOWYCH -----
----

----- OBIEKTY TEKSTOWE DLA OPERACJI CAPI -----

-----   PODSUMOWANIE ODCZYTU WARSTW (PROSTE GEOMETRIE WARSTW)

PROSTE   GEOMETRIE WARSTW

801	8
802	0
803	0
804	0
805	0

-----   PODSUMOWANIE ODCZYTYWANE Z WARSTW (ORYGINALNE GEOMETRIE WARSTW)

GEOMETRIE   POCZĄTKOWE WARSTWY PIERWOTNEJ GEOMETRIE KOŃCOWE

----

la8	8 (8)	3 (3)
la18	0 (0)	0 (0) 0 (0)
la28	0 (0) 0 (0)	0 (0)
la38	0 (0)	0 (0) 0 (0)
la48	0 (0)	0 (0) 0 (0)

-----   STRESZCZENIE DO ODCZYTU WARSTW (TEKST DO EKSTRAKCJI POŁĄCZEŃ)

TEKSTY WARSTWOWE TEKSTY   WARSTWOWE

-----   STRESZCZENIE ODCZYTYWANE Z WARSTWY (TEKST DLA OPERACJI TEKSTOWYCH)

TEKSTY WARSTWOWE TEKSTY   WARSTWOWE

----- STRESZCZENIE ODCZYTYWANE Z WARSTWY (TEKST DO ROZSZERZANIA OPERACJI TEKSTOWYCH)

TEKSTY WARSTWOWE TEKSTY WARSTWOWE

----- STRESZCZENIE ODCZYTYWANE Z WARSTWY (TEKST DLA OPERACJI CAPI)

TEKSTY WARSTWOWE TEKSTY WARSTWOWE

----- PODSUMOWANIE KOMÓRKI I UMIESZCZENIA -----

TYP KOMÓRKI ROZMIESZCZENIE KOMÓREK PŁASKIE ROZMIESZCZENIE

UŻYTKOWNIK 1 0 0

BARDZO MAŁY 0 0 0 0

TOP LAYER 0 0 0

BARDZO MAŁY 0 0 0 0

PSEUDO 0 0 0

OGÓŁEM 1 0 0

----- UKŁAD DANYCH WEJŚCIOWYCH PODSUMOWANIE MODUŁU WEJŚCIOWEGO -----

----

--- CAŁKOWITA GEOMETRIA ODCZYTANA Z PROSTYCH WARSTW = 8

--- CAŁKOWITA GEOMETRIA ODCZYTANA Z ORYGINALNYCH WARSTW = 8 (8)

--- CAŁKOWITA GEOMETRIA ZAPISANA NA ORYGINALNYCH WARSTWACH = 3 (3)

--- LVHEAP = 0/3/3

--- ZAKRES BAZY DANYCH = [-5.54 , -0.825] -> [4.455 , 6.09]

--- GŁĘBOKOŚĆ GEOMETRYCZNA = WSZYSTKIE

--- GŁĘBOKOŚĆ TEKSTU DO EKSTRAKCJI ŁĄCZNOŚCI = PODSTAWOWA

--- CAŁKOWITE OBIEKTY TEKSTOWE DO EKSTRAKCJI ŁĄCZNOŚCI = 0 (0)

--- CAŁKOWITE OBIEKTY TEKSTOWE DLA OPERACJI TEKSTOWYCH = 0 (0)

--- CAŁKOWITE OBIEKTY TEKSTOWE DLA OPERACJI ROZSZERZENIA TEKSTU = 0 (0)

--- OBIEKTY TEKSTOWE OGÓŁEM DLA OPERACJI CAPI = 0 (0)

--- FLAGOWANIE GEOMETRII = OSTRE (TAK) POCHYLENIE (TAK) POD KĄTEM (NIE) POZA SIATKĄ (TAK)

NIESKOMPLIKOWANY WIELOKĄT (NIE) NIESKOMPLIKOWANA ŚCIEŻKA (NIE)

--- PRIMARY CELL = inv_layout_jns_07_04

--- WYKLUCZONE KOMÓRKI =

MODUŁ WPROWADZANIA DANYCH O UKŁADZIE KALIBRU --- ZAKOŃCZONY. CPU TIME = 0 REAL TIME = 0

KALIBER::DRC-H - MODUŁ INICJALIZACJI BAZY DANYCH WYNIKÓW -----

----

--- GLOBAL DRC RESULTS DATABASE FILE = /export/home/user7/run_cal/drc_module/reports/drc_database.rpt (ASCII)

--- GLOBALNE MAKSYMALNE WYNIKI NA KONTROLĘ REGUŁ = 1000

--- GLOBALNE MAKSYMALNE WIERZCHOŁKI NA WYNIK WIELOKĄTA = 4096

--- SPRAWDŹ MAPOWANIE TEKSTU = KOMENTARZE + INFORMACJE O PLIKU REGUŁ

--- KEEP EMPTY RULE CHECKS = YES

--- WYNIKI DRC POWIĘKSZENIE = 1

--- WYNIKI DRC PRECYZJA BAZY DANYCH = 1000

DRC RULECHECK -> RESULTS DATABASE MAPPING -----

DANE MAX MAX

WYNIKI SPRAWDZANIA REGUŁ TYP BAZY DANYCH TYP WARSTWY TYP WYNIKU WIERZCHOŁKA

8.D.before /export/home/user7/run_cal/drc_module/reports/drc_database.rpt

ASCII N/ D N/D 1000 4096

18.D.before /export/home/user7/run_cal/drc_module/reports/drc_database.rpt
ASCII N/ D N/D 1000 4096
28.D.before /export/home/user7/run_cal/drc_module/reports/drc_database.rpt
ASCII N/ D N/D 1000 4096
38.D.before /export/home/user7/run_cal/drc_module/reports/drc_database.rpt
ASCII N/ D N/D 1000 4096
48.D.before /export/home/user7/run_cal/drc_module/reports/drc_database.rpt
ASCII N/ D N/D 1000 4096

--- KALIBER::DRC-H MODUŁ INICJALIZACJI BAZY DANYCH WYNIKÓW ZAKOŃCZONY. CPU TIME = 0 REAL TIME = 0

KALIBER::DRC-H - MODUŁ WYKONAWCZY -----

----

lay8 = LUB lay8

----

lay8 (HIER TYP=1 CFG=1 HGC=3 FGC=3 HEC=40 FEC=40 VHC=F VPC=F)
CPU TIME = 0 REAL TIME = 0 LVHEAP = 0/3 OPS COMPLETE = 1 Z 11
Oryginalna warstwa warstwowa8 DELETED -- LVHEAP = 0/3/3
czip = EXTENT

----

chip (HIER-LSL TYP=1 CFG=1 HGC=1 FGC=1 HEC=4 FEC=4 VHC=F VPC=F)
CPU TIME = 0 REAL TIME = 0 LVHEAP = 0/3 OPS COMPLETE = 2 Z 11
8.D.before::<1> = GĘSTOŚĆ warstwy8 < 0.2 WTRZYMANIE chipu LAYER PRINT metal1_before_fill.density

----

8.D.before::<1> (HIER TYP=1 CFG=1 HGC=0 FGC=0 HEC=0 FEC=0 VHC=F VPC=F)
CPU TIME = 0 REAL TIME = 0 LVHEAP = 0/3 OPS COMPLETE = 3 Z 11
Layer lay8 DELETED -- LVHEAP = 0/3/3
Warstwa 8.D.before::<1> DELETED -- LVHEAP = 0/3/3
DRC RuleCheck 8.D.before COMPLETED. Liczba wyników = 0 (0)
lay18 = LUB lay18

----

lay18 (HIER TYP=1 CFG=1 HGC=0 FGC=0 HEC=0 FEC=0 VHC=F VPC=F)

CPU TIME = 0 REAL TIME = 0 LVHEAP = 0/3 OPS COMPLETE = 4 Z 11

Oryginalna warstwa warstwowa18 Osuszona -- LVHEAP = 0/3/3

18.D.before::<1> = GĘSTOŚĆ ułożenia18 < 0.2 WKŁAD CZipa LAYER PRINT metal2_before_fill.density

----

18.D.before::<1> (HIER TYP=1 CFG=1 HGC=1 FGC=1 HEC=4 FEC=4 VHC=F VPC=F)

CPU TIME = 0 REAL TIME = 0 LVHEAP = 0/3 OPS COMPLETE = 5 Z 11

Layer lay18 DELETED -- LVHEAP = 0/3/3

Warstwa 18.D.before::<1> DELETED -- LVHEAP = 0/3/3

DRC RuleCheck 18.D.before COMPLETED. Liczba wyników = 1 (1)

lay28 = LUB lay28

----

lay28 (HIER TYP=1 CFG=1 HGC=0 FGC=0 HEC=0 FEC=0 VHC=F VPC=F)

CPU TIME = 0 REAL TIME = 0 LVHEAP = 0/3 OPS COMPLETE = 6 Z 11

Oryginalna warstwa warstwowa28 DELETED -- LVHEAP = 0/3/3

28.D.before::<1> = GĘSTOŚĆ lay28 < 0.3 WSTAWIENIE chipa LAYER PRINT metal3_before_fill.density

----

28.D.before::<1> (HIER TYP=1 CFG=1 HGC=1 FGC=1 HEC=4 FEC=4 VHC=F VPC=F)

CPU TIME = 0 REAL TIME = 0 LVHEAP = 0/3 OPS COMPLETE = 7 Z 11

Layer lay28 DELETED -- LVHEAP = 0/3/3

Warstwa 28.D.before::<1> DELETED -- LVHEAP = 0/3/3

DRC RuleCheck 28.D.before COMPLETED. Liczba wyników = 1 (1)

lay38 = LUB lay38

----

lay38 (HIER TYP=1 CFG=1 HGC=0 FGC=0 HEC=0 FEC=0 VHC=F VPC=F)

CPU TIME = 0 REAL TIME = 0 LVHEAP = 0/3 OPS COMPLETE = 8 Z 11

Oryginalna warstwa warstwowa38 DELETED -- LVHEAP = 0/3/3

38.D.before::<1> = GĘSTOŚĆ warstwy38 < 0.15 WSTAWIENIE chipa LAYER PRINT metal4_before_fill.density

----

38.D.before::<1> (HIER TYP=1 CFG=1 HGC=1 FGC=1 HEC=4 FEC=4 VHC=F VPC=F)

CPU TIME = 0 REAL TIME = 0 LVHEAP = 0/3 OPS COMPLETE = 9 Z 11

Layer lay38 DELETED -- LVHEAP = 0/3/3

Warstwa 38.D.before::<1> DELETED -- LVHEAP = 0/3/3

DRC RuleCheck 38.D.before COMPLETED. Liczba wyników = 1 (1)

la48 = LUB la48

----

lay48 (HIER TYP=1 CFG=1 HGC=0 FGC=0 HEC=0 FEC=0 VHC=F VPC=F)

CPU TIME = 0 REAL TIME = 0 LVHEAP = 0/3 OPS COMPLETE = 10 Z 11

Oryginalna warstwa warstwowa48 DELETED -- LVHEAP = 0/3/3

48.D.before::<1> = GĘSTOŚĆ lay48 < 0.2 WSTAWIENIE chipa LAYER PRINT metal5_before_fill.density

----

48.D.before::<1> (HIER TYP=1 CFG=1 HGC=1 FGC=1 HEC=4 FEC=4 VHC=F VPC=F)

CPU TIME = 0 REAL TIME = 0 LVHEAP = 0/3 OPS COMPLETE = 11 Z 11

Layer lay48 DELETED -- LVHEAP = 0/3/3

Wióry warstwowe DELETED -- LVHEAP = 0/3/3

Warstwa 48.D.before::<1> DELETED -- LVHEAP = 0/3/3

WRITE to ASCII DRC Results Database

/export/home/user7/run_cal/drc_module/reports/drc_database.rpt COMPLETED

DRC RuleCheck 48.D.before COMPLETED. Liczba wyników = 1 (1)

Kumulatywny JEDNOSTKA BOOLEJOWA Czas: CPU = 0 REAL = 0

Łączny czas zagęszczenia: CPU = 0 REAL = 0

Łączny RÓŻNORODNY Czas: CPU = 0 REAL = 0

--- KALIBER::DRC-H MODUŁ WYKONAWCZY ZAKOŃCZONY. CPU TIME = 0 REAL TIME = 0

--- CAŁKOWITA LICZBA WYKONANYCH KONTROLI REGUŁ = 5

--- CAŁKOWITE UZYSKANE WYNIKI = 4 (4)

--- FILE DATABASE WYNIKÓW DRC = /export/home/user7/run_cal/drc_module/reports/drc_database.rpt (ASCII)

--- CALIBRE::DRC-H COMPLETED - Tue Apr 21 15:29:08 2009

--- TOTAL CPU TIME = 0 REAL TIME = 0

--- LICZBA PROCESORÓW = 1

--- FILE RAPORTU SUMARYCZNEGO = /export/home/user7/run_cal/drc_module/reports/drc.report

a dwa pliki LOG zostaną wygenerowane w formacie ASCII, które widzimy w GUI w postaci okna raportu podsumowującego DRC pokazanego na rysunku 5.7.1 i 5.7.2 oraz okna CALIBRE DRC RVE pokazanego na rysunku. Okno raportu podsumowującego DRC zawiera informacje o całkowitej ilości warstw obecnych w projekcie, całkowitym czasie CPU, adresie ścieżki układu itp.

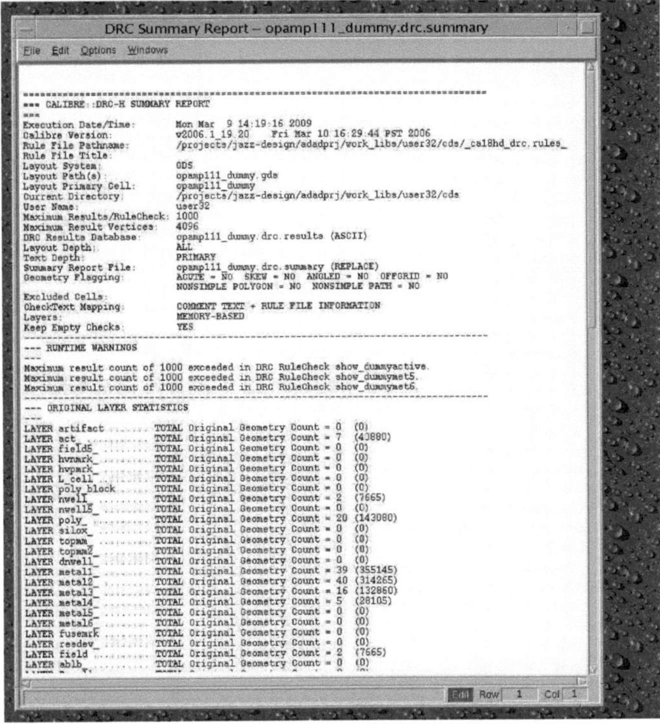

```
DRC Summary Report – opamp111_dummy.drc.summary
File Edit Options Windows

================================================================================
=== CALIBRE::DRC-H SUMMARY REPORT
===
Execution Date/Time:          Mon Mar  9 14:19:16 2009
Calibre Version:              v2006.1_19.20    Fri Mar 10 16:29:44 PST 2006
Rule File Pathname:           /projects/jazz-design/adadprj/work_libs/user32/cds/_ca18hd_drc.rules_
Rule File Title:
Layout System:                GDS
Layout Path(s):               opamp111_dummy.gds
Layout Primary Cell:          opamp111_dummy
Current Directory:            /projects/jazz-design/adadprj/work_libs/user32/cds
User Name:                    user32
Maximum Results/RuleCheck:    1000
Maximum Result Vertices:      4096
DRC Results Database:         opamp111_dummy.drc.results (ASCII)
Layout Depth:                 ALL
Text Depth:                   PRIMARY
Summary Report File:          opamp111_dummy.drc.summary (REPLACE)
Geometry Flagging:            ACUTE = NO  SKEW = NO  ANGLED = NO  OFFGRID = NO
                              NONSIMPLE POLYGON = NO  NONSIMPLE PATH = NO
Excluded Cells:
CheckText Mapping:            COMMENT TEXT + RULE FILE INFORMATION
Layers:                       MEMORY-BASED
Keep Empty Checks:            YES
--------------------------------------------------------------------------------
--- RUNTIME WARNINGS
---
Maximum result count of 1000 exceeded in DRC RuleCheck show_dummyactive.
Maximum result count of 1000 exceeded in DRC RuleCheck show_dummymet5.
Maximum result count of 1000 exceeded in DRC RuleCheck show_dummymet6.
--------------------------------------------------------------------------------
--- ORIGINAL LAYER STATISTICS
---
LAYER artifact ........ TOTAL Original Geometry Count = 0  (0)
LAYER act_ ............ TOTAL Original Geometry Count = 7  (40880)
LAYER field5_ ......... TOTAL Original Geometry Count = 0  (0)
LAYER hvnmrk_ ......... TOTAL Original Geometry Count = 0  (0)
LAYER hvpmrk_ ......... TOTAL Original Geometry Count = 0  (0)
LAYER L_cell .......... TOTAL Original Geometry Count = 0  (0)
LAYER poly_block ...... TOTAL Original Geometry Count = 0  (0)
LAYER nwell_ .......... TOTAL Original Geometry Count = 2  (7665)
LAYER nwell5_ ......... TOTAL Original Geometry Count = 0  (0)
LAYER poly_ ........... TOTAL Original Geometry Count = 20 (143080)
LAYER silox_ .......... TOTAL Original Geometry Count = 0  (0)
LAYER topmm_ .......... TOTAL Original Geometry Count = 0  (0)
LAYER topmm2_ ......... TOTAL Original Geometry Count = 0  (0)
LAYER dnwell_ ......... TOTAL Original Geometry Count = 0  (0)
LAYER metal1_ ......... TOTAL Original Geometry Count = 39 (355145)
LAYER metal2_ ......... TOTAL Original Geometry Count = 40 (314265)
LAYER metal3_ ......... TOTAL Original Geometry Count = 16 (132860)
LAYER metal4_ ......... TOTAL Original Geometry Count = 5  (28105)
LAYER metal5_ ......... TOTAL Original Geometry Count = 0  (0)
LAYER metal6_ ......... TOTAL Original Geometry Count = 0  (0)
LAYER fusemrk ......... TOTAL Original Geometry Count = 0  (0)
LAYER resdev_ ......... TOTAL Original Geometry Count = 0  (0)
LAYER field ........... TOTAL Original Geometry Count = 2  (7665)
LAYER ablb_ ........... TOTAL Original Geometry Count = 0  (0)

Edit Row 1 Col 1
```

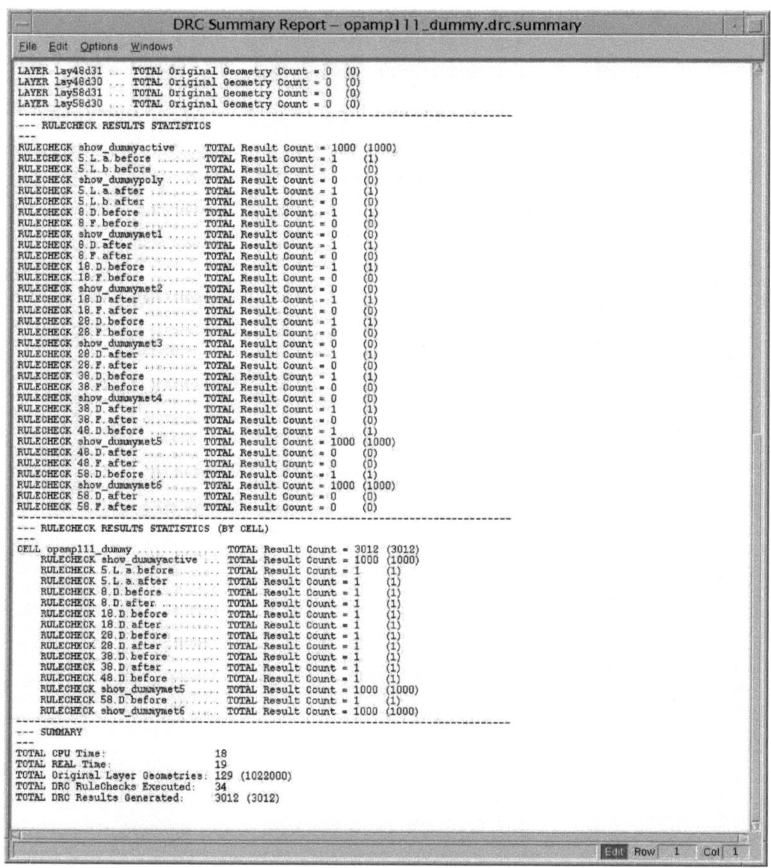

Rys. 5.7 Sprawozdanie podsumowujące DRK

Natomiast DRC RVE pokazany na rysunku 5.8 to okno środowiska podglądu wyników, które podaje szczegóły dotyczące całkowitej liczby kontroli i liczby błędów w projekcie. Klikając na dany błąd możemy uzyskać położenie ortogonalne pod względem wierzchołka i współrzędnych, możemy również zaznaczyć obszar układu, w którym wystąpił błąd. W dolnej części okna znajduje się informacja o naruszonej przez Państwa konstrukcję regule FAB, którą możemy naprawić zaglądając do danego dokumentu odlewniczego.

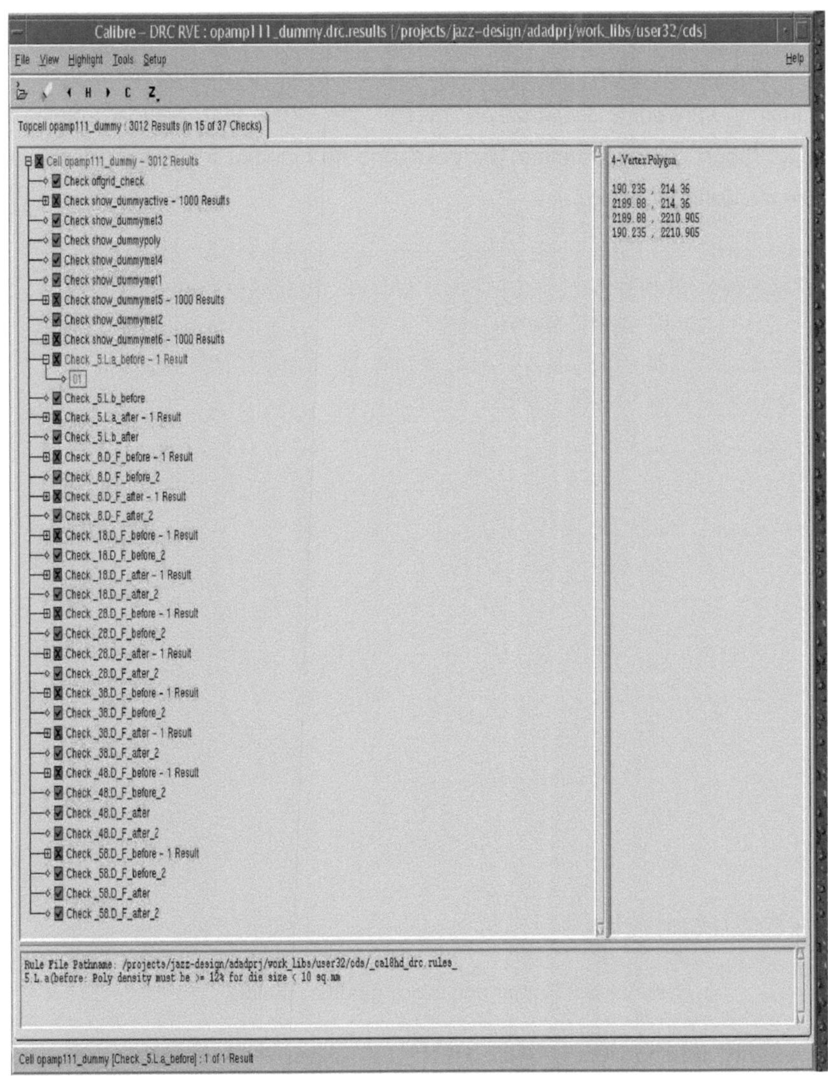

Rysunek 5.8 Kaliber DRC RVE

W ten sposób, czytając w oknie RVE, możemy skorygować naruszenia w naszym projekcie, patrząc na dokument odlewni. W niniejszym rękopisie odnieśliśmy się do dokumentu odlewniczego JAZZ załączonego w załączniku B.

GDS II jest przesyłany strumieniowo w technologii 130 nanometrów (0,13µ). Ponieważ technologia JAZZ130 nanometrów jest procesem z sześcioma metalami, więc w celu skorygowania naruszenia gęstości DRC dla wszystkich sześciu metali przy użyciu konwencjonalnej metody musimy zastosować podejście iteracyjne, w którym musimy sprawdzić za każdym razem, jak duża jest gęstość metalu, przeglądając raport gęstości metalu, jak pokazano na rysunku 5.9, po wypełnieniu manekinów dla danego metalu .

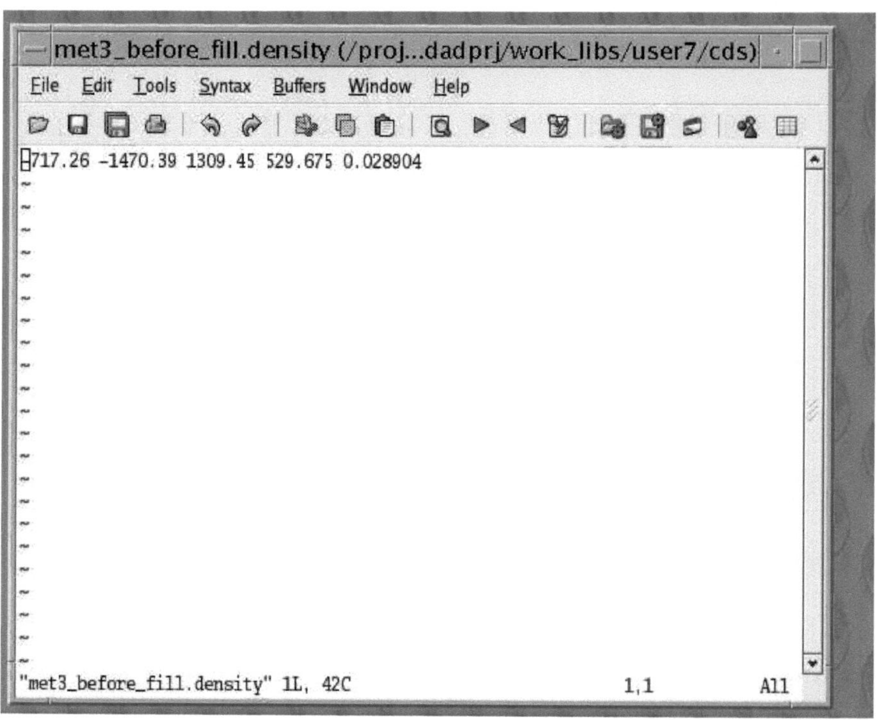

Rysunek 5.9 Raport dotyczący gęstości metalu

Przy pierwszym uruchomieniu DRC DENSITY okno RVE pokaże całkowite naruszenie gęstości dla wszystkich sześciu metali, jak pokazano na rysunku 5.10.

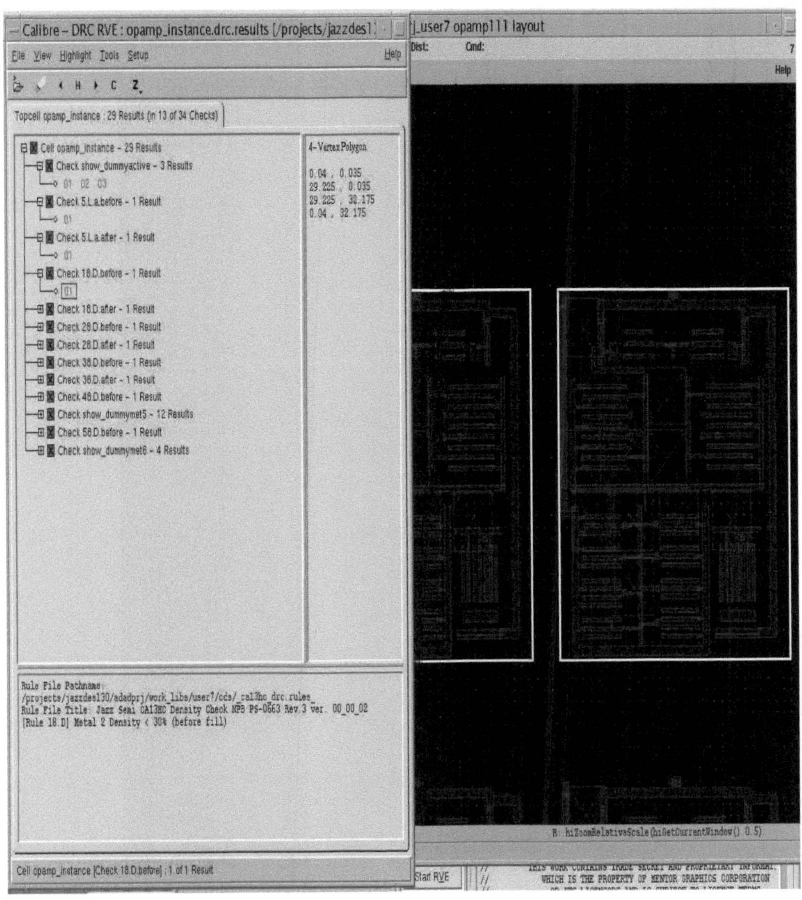

Rysunek 5.10 Skutki naruszenia gęstości zaludnienia

Reguła 18.D jest regułą gęstości podaną w dokumencie odlewniczym JAZZ załączonym w załączniku, który mówi, że minimalna zalecana gęstość dla metalu2 nie powinna być mniejsza niż 30%, a maksymalna nie może przekraczać 60% w projekcie. Ponieważ jest ona mniejsza niż 30%, najpierw wprowadzimy manekina do projektu wybierając warstwę wypełnienia manekina z okna LSW, aby uzyskać optymalne wypełnienie metalu2 . Potwierdzamy, że granica graniczna jest osiągnięta poprzez sprawdzanie raportu gęstości metalu jak pokazano na rysunku 5.11 za każdym razem po wypełnieniu manekinów, aby upewnić się, że nie możemy ich przepełnić.

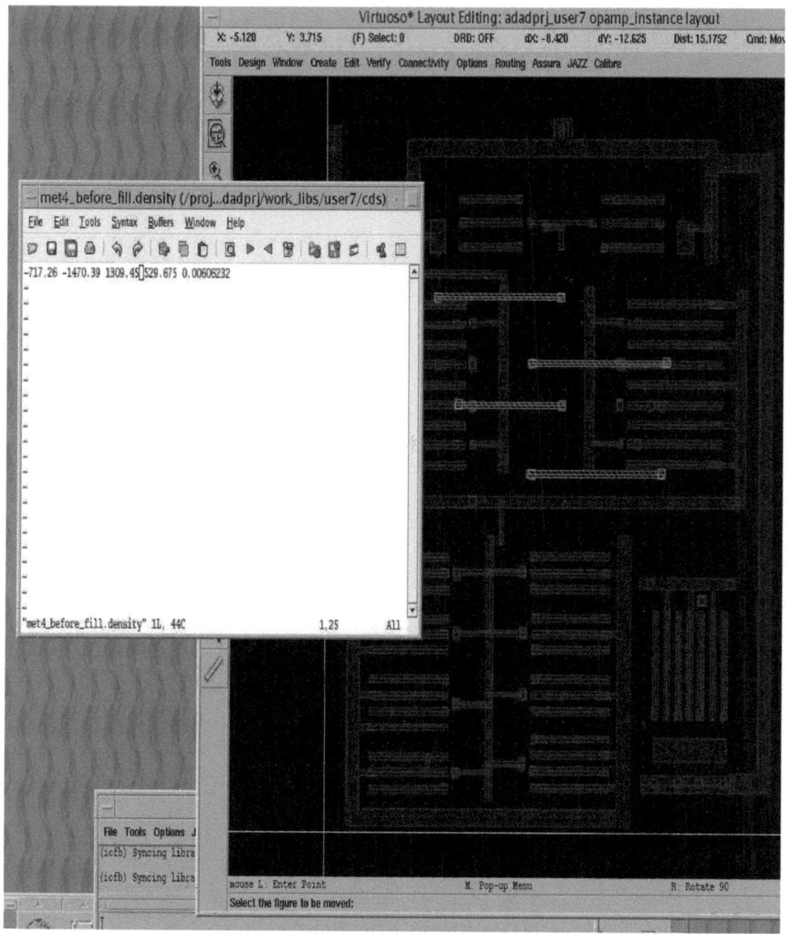

Rysunek 5.11 Manekin metalu 4 i jego raport gęstości

Po napełnieniu optymalnego poziomu ponownie uruchamiamy DRC, aby zobaczyć, że całkowita liczba błędów gęstości zmniejszyła się z 13 do 7, ponieważ wkładamy manekiny dla każdego metalu jeden po drugim, jak pokazano na rysunku 5.12.

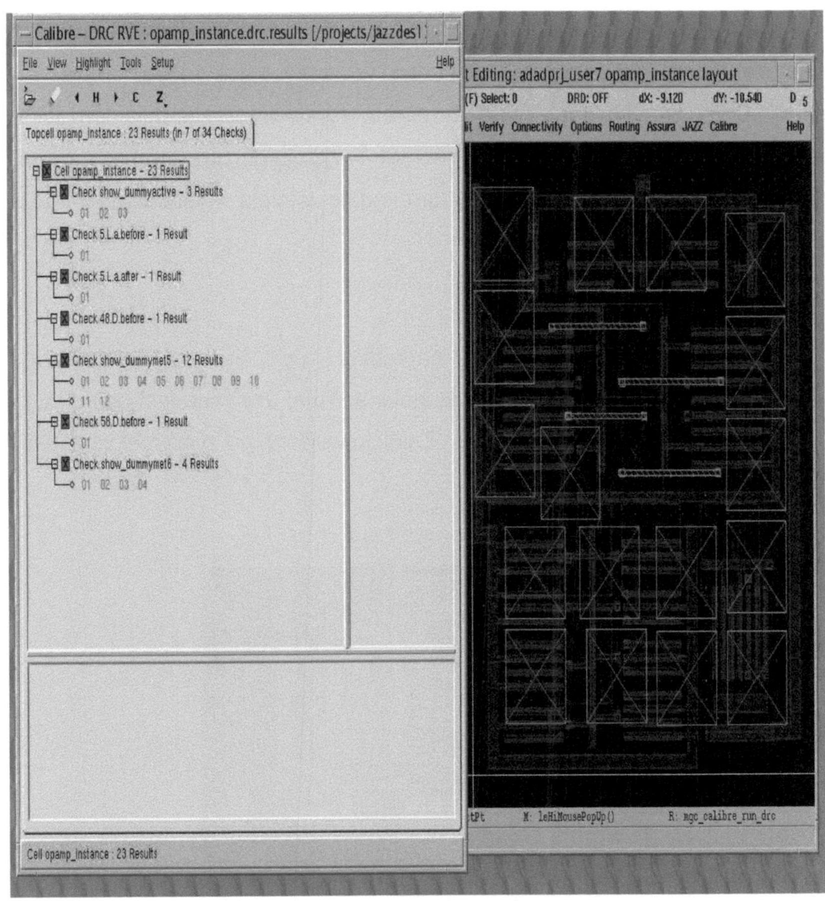

Rys. 5.12 Wyniki badań nad DRC

To podejście "hit and trial" jest przyjmowane indywidualnie dla wszystkich sześciu metali, dopóki w oknie RVE nie pozostanie żaden błąd, a zaprojektowany jest czyszczony DRC.

Tak więc za pomocą tego narzędzia te niefunkcjonalne wzory DUMMY są wstawiane do układu projektowego za pomocą narzędzia weryfikacji fizycznej, które znajduje niezajęte obszary i wstawia w te obszary wymagane wzory atrapy, upewniając się, że spełniają one zasady projektowania CMP i spełniają docelową gęstość. Zazwyczaj przy użyciu tego narzędzia wykonuje się to w wielu przejściach, aby uwzględnić różne rozmiary, kształty i lokalizacje manekinów, co jest nie tylko czasochłonne, ale również zużywa zasoby. W związku z tym, podejście oparte na narzędziach jest bardzo powolne w obsłudze szczegółowych modeli fizycznych CMP, takich jak te, których dotyczy nasza praca. Typowym zastosowaniem takiej infrastruktury jest po prostu wstawianie geometrii wypełnień obszarowych w celu zwiększenia lokalnej gęstości wszędzie tam, gdzie istnieją wystarczająco duże obszary luzów.

5.3 WYNIK SMART FILL

Pisząc niestandardowy skrypt dla narzędzia do fizycznej weryfikacji, zautomatyzowaliśmy proces wypełniania manekina. Tutaj używana jest pojedyncza OPAMP przedstawiona na rysunku 5.13. Zainicjowaliśmy go hierarchicznie, aby wypełnić cały obszar chipu.

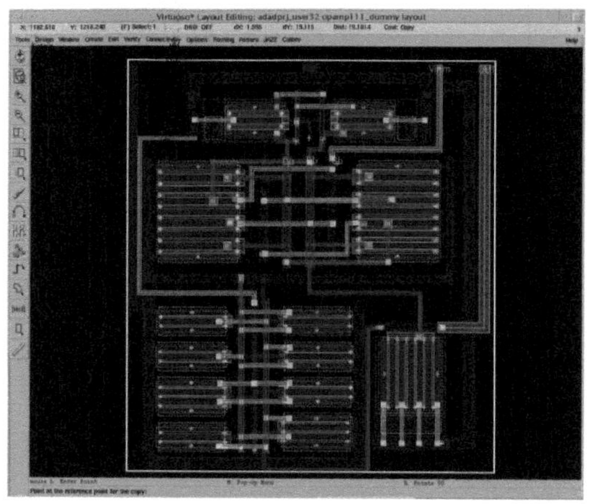

Rysunek 5.13 Widok GDS pojedynczej komórki

Skrypt PERL jest napisany tak, aby zebrać żądane dane wejściowe od użytkownika i przekazać je jako argument w pliku gęstości. Początkowo odczytywana jest tablica reguł DRC i tablica gęstości ogólnej znajdująca się w załączniku, a następnie generowany jest nowy tablica gęstości wejściowej, jak pokazano poniżej

Gęstość wejściowa.zasady

```
// Tytuł "FabSemi unified calibre density drc"
/********1*********2*********3*********4*********5*********6*********7***
*    Generic Density DRC autorstwa Juana Cordoveza                    *
*    Użyteczne dla WSZYSTKICH technologii
* Historia:
* 2006/02/28 - Zwolnienie wstępne
************************************************************************
********1*********2*********3*********4*********5*********6*********7***
*                 Sekcja definicji                        *
********1*********2*********3*********4*********5*********6*********7***/
REZOLUCJA 25           // siatka 0,025um
#ifdef run_cal
DRC MAKSYMALNE WYNIKI    5000
#endif
/********1*********2*********3*********4*********5*********6*********7***
*                 Sekcja definicji warstwy wejściowej (Input Layer Definition)
       *
********1*********2*********3*********4*********5*********6*********7***/
LAYER lay1     1  // Nwell
LAYER lay2     2  // Active
/LAYER lay2d1 602   // Aktywny (Bez CFactora tylko dla APT!!!!)
LAYER lay3     3  // Pole
LAYER lay4     4  // Warstwa zakopana
/LAYER lay4d1 604   // Warstwa zakopana (Bez CFactora tylko dla APT!!!!)
//LAYER lay5     5  // Poly
LAYER lay6     6  // N+ Implant
LAYER lay7     7  // Kontakt
//LAYER lay8     8  // Metal 1
LAYER lay9     9  // Silox
/LAYER lay9d1 609   // Silox (No CFactor for APT ONLY!!!)
LAYER lay10    10   // Collector Sinker
LAYER lay11    11   // P+ Implant
LAYER lay12    12   // Dual Gate
```

```
LAYER lay13    13   // Waraktor
LAYER lay14    14   // DN Implant
LAYER lay15    15   // Reverse Active
/LAYER lay15d1 615   // Reverse Active (Bez CFactora tylko dla APT!!!!)
LAYER lay16    16   // DP Implant
LAYER lay17    17   // Via 1
//LAYER lay18    18   // Metal 2
LAYER lay19    19
LAYER lay20    20
LAYER lay21    21   // Spacer Clear
LAYER lay22    22   // TiN Capacitor
LAYER lay23    23   // Base Poly
LAYER lay24    24
LAYER lay25    25   // Warstwa znakowania ESD
LAYER lay26    26   // Metal Resistor
LAYER lay27    27   // Via 2
//LAYER lay28    28   // Metal 3
LAYER lay29    29   // Emiter Poly
LAYER lay30    30   // TM Clear
LAYER lay31    31   // Emiter
LAYER lay32    32   // Slot Via1
LAYER lay33    33   // Okno nadajnika
LAYER lay34    34   // Implant NPN High Speed
LAYER lay35    35
LAYER lay36    36
LAYER lay37    37
/LAYER lay38    38
LAYER lay39    39   // CMOS Pionowa warstwa znakowania NPN
LAYER lay40    40   // Silicide Block
LAYER lay41    41   // Deep Trench
LAYER lay42    42
LAYER lay43    43
LAYER lay44    44
LAYER lay45    45   // Warstwa znakowania artefaktów
LAYER lay46    46   // Warstwa znakowania bezpieczników metalowych
```

```
LAYER lay47   47
/LAYER lay48   48
LAYER lay49   49
LAYER lay50   50
LAYER lay51   51   // Induktorowa warstwa znakowania
LAYER lay52   52
LAYER lay53   53
LAYER lay54   54   // Wysokowartościowy rezystor
LAYER lay55   55   // Slot Kontakt
LAYER lay56   56
LAYER lay57   57
/LAYER lay58   58
LAYER lay59   59   // PK Implant
LAYER lay60   60
LAYER lay61   61   // NK Implant
LAYER lay62   62
LAYER lay63   63   // Warstwa znakowania konturów komórek
LAYER lay64   64   // Warstwa znakowania komórek NPN
LAYER lay65   65
Layer LAYER66   66   // PNP Warstwa znakowania komórek
LAYER lay67   67
LAYER lay68   68   // Nwell 2
LAYER lay69   69
LAYER lay70   70
LAYER lay71   71
LAYER lay72   72   // Miedziana warstwa znakowania rowków
LAYER lay73   73   // specjalny do warstwy znakowania hvfet1
LAYER lay74   74   // Warstwa znakowania poduszek kablowych
LAYER lay75   75   // Warstwa znakowania diodowego
LAYER lay76   76
LAYER lay77   77
LAYER lay78   78   // Warstwa znacznikowa RAM
LAYER lay79   79   // Warstwa znakowania ROMu
LAYER lay80   80   // NWell Resistor marker Layer
LAYER lay81   81
```

```
LAYER lay82   82
LAYER lay83   83
LAYER h2_n    84  // specjalny dla warstwy znakującej hvfet2
LAYER lay85   85
LAYER lay86   86
LAYER lay87   87
LAYER lay88   88
LAYER lay89   89
LAYER lay90   90
LAYER lay91   91
LAYER lay92   92  // Miedziana warstwa znakowania rowków
LAYER lay93   93
LAYER lay94   94
LAYER lay95   95  // ABLB
LAYER lay96   96
LAYER lay97   97  // Poly OPC Warstwa blokująca
LAYER lay98   98  // Met1 OPC Warstwa blokująca
LAYER lay99   99
Layer LAYER105   105 // Analogowa warstwa znakowania LPNP
LAYER lay107   107 // Warstwa Varactor Markin Layer
LAYER lay108   108 // Silicided Resistor Marking Layer
LAYER ql_n    115 // specjalny do warstwy znakowania hvnmrk
LAYER ql_p    116 // specjalny do warstwy znakowania hvpmrk
// metalowy wsad poli
LAYER lay5     505  // Poly
LAYER lay8     801 // Metal 1
LAYER lay18     802 // Metal 2
LAYER lay28     803 // Metal 3
LAYER lay38     804 // Metal 4
LAYER lay48     805 // Metal 5
LAYER lay58     806 // Metal 6

MAPA WARSTWOWA  5 DATATYPE   0 505
MAPA WARSTWOWA  8 DATATYPE !=30 801
MAPA WARSTWOWA 18 DATATYPE !=30 802
MAPA WARSTWOWA 28 DATATYPE !=30 803
MAPA WARSTWOWA 38 DATATYPE !=30 804
```

```
MAPA WARSTWOWA 48 DATATYPE !=30 805
MAPA WARSTWOWA 58 DATATYPE !=30 806

// blokowanie warstw
LAYER lay5d30 705 // Poly Fill Block
LAYER lay8d30 711 // Oznaczenie klocka wypełniającego Met1
LAYER lay18d30 712  // Oznaczenie klocków do wypełniania manekinów Met2
LAYER lay28d30 713  // Oznaczenie klocków do wypełniania manekinów Met3
LAYER lay38d30 714  // Oznaczenie klocków do wypełniania manekinów Met4
LAYER lay48d30 715  // Oznaczenie klocków do wypełniania manekina Met5
LAYER lay58d30 716  // Oznakowanie klocków do wypełniania manekinów Met6

MAPA WARSTWOWA 5 DATATYPE 30 705
MAPA WARSTWOWA 8 DATATYPE 30 711
MAPA WARSTWOWA 18 DATATYPE 30 712
MAPA WARSTWOWA 28 DATATYPE 30 713
MAPA WARSTWOWA 38 DATATYPE 30 714
MAPA WARSTWOWA 48 DATATYPE 30 715
MAPA WARSTWOWA 58 TYP DANYCH 30 716

poliblok = COPY lay5d30
met1blk = COPY lay8d30
met2blk = COPY lay18d30
met3blk = COPY lay28d30
met4blk = COPY lay38d30
met5blk = COPY lay48d30
met6blk = COPY lay58d30

czip   = EXTENT
ZMIENNY TARGET_GĘSTOŚĆ ŚRODOWISKA
ZMIENNE ŚRODOWISKO METAL_ROZSTAWOWE
```

Parametry wejściowe podane przez użytkownika zostaną zdefiniowane jako globalna zmienna środowiskowa. Skrypt przeprowadzi następnie kontrolę gęstości na podstawie tych wartości wejściowych. Po wyszukaniu metalu, którego gęstość nie jest optymalna, uruchomi algorytm SVRF do wypełniania manekinów, w wyniku czego zostanie wygenerowany GDS pokazany na rysunku 5.14.

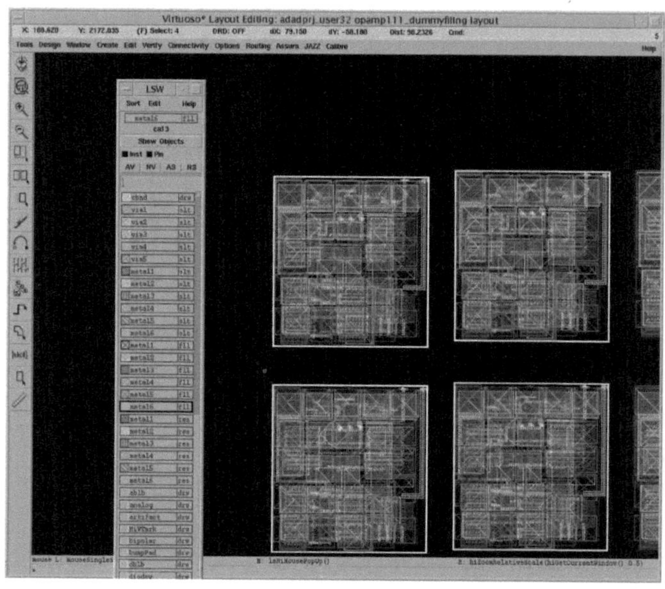

Rysunek 5.14 Widok GDS II po całkowitym wypełnieniu manekina

Stwierdzamy więc, że to podejście SMART FILL poprawia obrót w czasie. Łączy ono w sobie algorytmy analizy i wypełniania w jednym poleceniu, które redukuje wiele wywołań narzędzi. SMART FILL redukuje również czas działania poprzez zatrzymanie po osiągnięciu celów CMP. Algorytm optymalizuje kształty, redukuje rozmiar pliku i czas działania. Dzięki temu optymalizuje planarność i wydajność, poprawiając tym samym wydajność parametryczną.

ROZDZIAŁ - 6

WNIOSEK I PRZYSZŁY ZAKRES

Dummy insertion - lub "dummy fill" - jest zwykle używany do kompensowania różnic w topografii powierzchni post-CMP, które wynikają z różnic w układach w całym chipie. Zazwyczaj odlewnie umieszczają te niefunkcjonalne wzory w układzie scalonym za pomocą narzędzia do fizycznej weryfikacji, które znajduje niezajęte obszary i umieszcza w nich określone wzory atrapy, upewniając się, że spełniają one zasady projektowania CMP, ale w ten sposób wprowadzają elektryczne rozbieżności w wydajności poprzez znaczne zwiększenie pojemności sprzęgła łączącego i ostatecznie prowadzą do eksplozji danych maski. Zazwyczaj przy użyciu narzędzia wykonuje się to w wielu przebiegach, tak aby pomieścić różne rozmiary, kształty i lokalizacje manekina, co jest nie tylko czasochłonne, ale i zasobochłonne. Ponadto nadmierne wahania taktowania mogą mieć wpływ na ostateczną częstotliwość pracy chipów lub mogą powodować wewnętrzne naruszenia taktowania, które mogą zniszczyć funkcjonalność chipów.

Dzięki automatyzacji procesu pisania niestandardowego skryptu do weryfikacji reguł projektowych, takiego jak ten, który został użyty w tej pracy, możemy pomyśleć o wykonaniu skomplikowanego manekina z uwzględnieniem krytycznych parametrów elektrycznych, takich jak rezystancja arkusza, a także uwzględnić zmiany gęstości wzoru, które miałyby bezpośredni wpływ na gradient gęstości.

Ogólnie rzecz biorąc, algorytm imitacji wypełnienia musi obejmować imitację wzoru w fizycznej weryfikacji i ekstrakcji w celu zapewnienia, że efekty drugiego i trzeciego rzędu są uwzględniane w celu uwzględnienia czasu i wydajności podczas fazy projektowania i układu. Pozwoli to firmom na wypchnięcie koperty, zaprojektowanie produktów o agresywnych parametrach projektowych, wąskim marginesie, a jednocześnie nie spowoduje kompromisu w zakresie wydajności.

Przed tym procesem automatyzacji, do procesu wypełniania manekinów używane są narzędzia. Jednakże zaawansowana złożoność zasad projektowania CMP spowodowała, że tradycyjne podejście polegające na wstawianiu wypełnienia stało się zbyt złożone do tego stopnia, że utrzymanie tego podejścia staje się prawie niepraktyczne.

Wypełnienie jest zwykle wykonywane przez odlewnię po zamknięciu projektu. Ale to, co się stało, jest to, że jeśli konieczne środki ostrożności nie podjęte podczas wypełniania, to będzie poważnie zakłócić czas lub specyfikacji mocy chipa i klienci będą uzyskać wyniki z powrotem i wydajność będzie off.

Patrząc w przyszłość, możemy przewidzieć potrzebę aktualizacji algorytmu napełniania, który uwzględnia coraz większy zakres zmian. Niektóre z przyszłych możliwości algorytmu wypełniania mogą obejmować

Wypełnienie oparte na czasie :-- Parametryczne wypełnienie oparte na modelu, w którym symulator czasu napędza rozwiązanie wypełnienia, aby umieścić atrapy bloków w oparciu o wymagania czasowe lub preferencje (np. dokonać wymiany między zegarami).

Litho-Aware/Litho-Based Fill-Enhancing algorytm wypełniania, aby zmaksymalizować wykorzystanie kształtów niewypełniających OPC tam, gdzie to możliwe, przy jednoczesnym użyciu kształtów OPC w zależności od potrzeb w celu spełnienia określonych ograniczeń projektowych.

Power-Enhancing the filling algorithm to consider such inputs as power demands, length of circuits, etc. when placing fill (e.g., place fill next to power and ground, but away from signals).

REFERENCJE

[1] Keh-Jeng Chang *et al.* , "Accurate 3-D Capacitance Test and Characterization of Dummy Metal Fills to Achieve Design for Manufacturability", *2005 Konferencja CMP-MIC*, luty 2005.

[2] David C.H. Lyu, "Accurate Applications of Electromagnetic Field Simulation Software for Nanometer Interconnect Capacitance Verification", *M.S. Manuscript*, National Tsing Hua University, czerwiec 2005.

[3] Silvaco Data Systems Inc., *sprytny podręcznik użytkownika,* Santa Claraw grudniu 2002 roku.

[4] H. landis. P. Burke, W. Cote, W. Hill, C. Hoffman, et al., "Integration of Chemical-Mechanical Polishing into CMOS Integrated Circuit Manufacturing", Th,k SolidFilm~2 20(20) (1992), str. 1-7.

[5] W. Maly, "Moore's Law and Physical Design of ICs", (special address), Proc.ISI'D, 1998.

[6] G. Nanz i L. E. Camilletti, "Modeling of Chemical-Mechanical Polishing: A Review", IEEE Truns. on Semiconducfor Munufucturing 8(4) (1995). pp. 382-38!).

[7] S. Sinha, J. Luo i C. Chiang, "Modelowy algorytm wypełniania metalu zależny od wzoru układu dla poprawy jednorodności powierzchni chipa w procesie produkcji miedzi", w *Proc. Asia South Pacific Des. Autom. Conf.* , styczeń 2007, s. 1-6.

[8] M. Fury, "Emerging developments in CMP for semiconductor planarization," Solid State Technol., Vol. 38, no. 5, s. 47-54, kwiecień 1995 r.

[9] M. Tomozawa, "Oxide CMP Mechanisms", SolidStute Technology40(7) (1997). str. 169-175.

[10] Y. Chen, A. B. Kahng, G. Robins i A. Zelikovsky, "Practical iterated fill synmanuscript for CMP uniformity," w *Proc. Des. Autom. Conf.* , Jun. 2000, str. 671-674.

[11] Y. Chen, A. B. Kahng, G. Robins i A. Zelikovsky, "Hierarchiczne wypełnienie manekina dla ujednolicenia procesu" w *Proc. Asia South Pacific Des. Autom. Conf.* , styczeń 2001, str. 139-144.

[12] T. Sakurai i K. Tamaru, "Proste formuły dla dwu- i trójwymiarowych pojemności", *IEEE Trans. Electron Devices*, vol. ED-30, nr 2, str. 183-185, luty 1983 r.

[13] Y. Chen, A. B. Kahng, G. Robins i A. Zelikovsky, "Zamknięcie luki gładkości i jednolitości obszaru wypełnia synopis", w *Proc. ACM/IEEE Int. Symp. Phys. Des.* , kwiecień 2002, s. 137-142.

[14] I. Ali, S. Roy, i G. Shinn, "Chemiczne mechaniczne polerowanie dielektryka międzywarstwowego. A review," Solid State Technol., Vol. 37, No. 10, pp. 63-70, Oct. 1994.

[15] B. Stine, D. Ouma, R. Divecha, D. S. Boning, J. Chung, D. Hetherington, C. R. Harwood, O. S. Nakagawa, i S.Y. Oh, "Rapid characterization and modeling of pattern dependent variation in chemical-mechanical polishing," *IEEE Trans. Semiconduct. Produkcja.* , tom 11, str. 129-140, luty 1998.

[16] L. Camilletti, "Implementation of CMP-based design rules and patterning practices," w *Proc. IEEE/SEMI Adv. Semiconduct. Produkcja. Conf.* , Oct. 1995, str. 2-4.

[17] Brian E. Stine, Duane S. Boning, et al. , "The Physical and Electrical Effects of Metal-Fill Patterning Practices for Oxide Chemical-Mechanical Polishing Processes" IEEE TRANSACTIONS ON ELECTRON DEVICES, VOL. 45, NO. 3, MARZEC 1998 R.

[18] Yu Chen, Andrew B. Kahng, et al., "Area Fill Synmanuscript for Uniform Layout Density" IEEE TRANSACTIONS ON COMPUTER-AIDED DESIGN OF INTEGRATED CIRCUITS AND SYSTEMS, VOL. 21, NO. 10, PAŹDZIERNIK 2002, str. 1132-1147

[19] A. B. Kahng, G. Robins, A. Singh, H. Wang i A. Zelikovsky, "Filling algorithms and analyses for layout density control," *IEEE Trans. Computer- Aided Design*, Vol. 18, str. 445-462, kwiecień 1999.

[20] A. B. Kahng, G. Robins, A. Singh i A. Zelikovsky, "New and exact filling algorithms for layout density control," w *Proc. IEEE Int. IEEE Int. Conf. VLSI Design*, styczeń 1999, str. 106-110.

[21] Joseph M. Steigerwald, Shyam P. Murarka, Ronald, "ChemicalMechanical Planarization of Microelectronic Materials", Cutmann WILEY-VCH

[22] Shin Hwa Li, Robert O. Miller, Robert K. Willardson, Eicke R. Weber, "Chemical mechanical polishing in silicon processing", Academic Press, 1999.

[23] **Charles J Alpert, Dinesh P Mehta, Sachin S Sapatnekar,** "Handbook of Algorithms for Physical Design Automation", **Auerbach Publication 2008.**

[24] *Sung Kyu Lim",* "Problemy praktyczne w automatyzacji projektowania fizycznego VLSI*",* Springer-Verlag New York, LLC , 2008

[25] Sadiq M. Sait, Habib Youssef," VLSI PHYSICAL DESIGN AUTOMATION", prasa uniwersytecka w Oxfordzie

[26] www.edaboard.com

ZAŁĄCZNIK

A. Zestaw narzędzi kadencyjnych

Cadence Virtuoso Custom Design Platform zapewnia podstawową konfigurację do kompletnego projektowania analogowego, radiowego, sygnałów mieszanych i niestandardowego projektowania cyfrowego Cadence może być używany. Zawiera on Virtuoso Schematic Editor L do wprowadzania danych projektowych, Virtuoso Analog Design Environment L do pełnej symulacji i analizy projektowania Virtuoso Layout Suite L do przyspieszonego projektowania fizycznego. Projektowanie inwertera przy użyciu narzędzi kadencji jest objaśnione jako przykład do zrozumienia celu

Do projektowania falowników wykorzystywane są następujące narzędzia Cadence CAD:

- **Wirtualny schemat** do schematycznego ujęcia.
- **Analogowe środowisko projektowe (Specter)** do symulacji.
- **Układ wirtuozowski** dla układu fizycznego

A1 Tworzenie schematu widoku komórki

W programie CIW lub Library Manager wykonaj File-> New->Cellview , a następnie otwórz formularz tworzenia nowego pliku File -> New -> Cell View i wypełnij inwerter jako nazwę komórki, schemat jako nazwę widoku oraz Composer - Schemat jako narzędzie, a następnie kliknij OK.

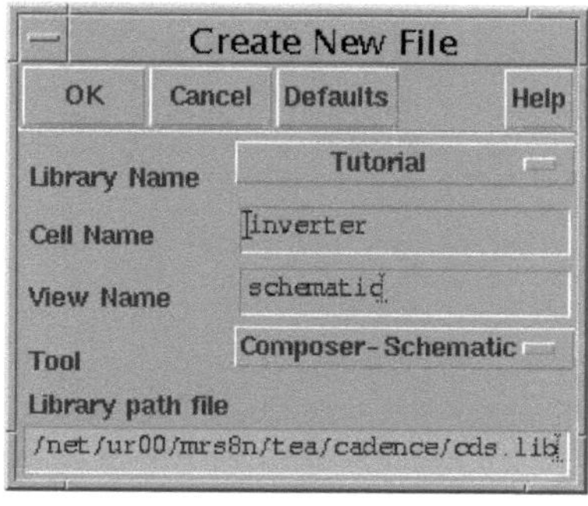

Rysunek : A1 stwórz formularz podglądu komórki

Otwiera się puste okno schematu dla konstrukcji falownika. Analizując okno schematu po lewej stronie masz do dyspozycji różne skróty do najczęściej używanych poleceń, jak np.: umieszczanie instancji komponentów (wygląda jak IC), rysowanie przewodów, umieszczanie portów, rozciąganie, kopiowanie, powiększanie i pomniejszanie, zapisywanie itd. Te komendy (inne) mogą być również dostępne z menu. Rozpocznij projektowanie przetwornicy poprzez dodanie tranzystorów. Aby dodać komponent kliknij **Add->Instance.** Spowoduje to wyświetlenie przeglądarki Component Browser i okna, w którym można określić, który komponent ma zostać dodany. Następnym krokiem jest dodanie pinów. Kliknij **Add->Pin** i pojawi się okno dodawania pinów do schematu. Dodaj piny , *w,* i *z.* Upewnij się, że kierunek jest ustawiony na inputOutput. Masa i vdd są dodawane przez przeglądarkę komponentów. Podłącz wszystko przez wąskie przewody i zmień właściwości tranzystorów.

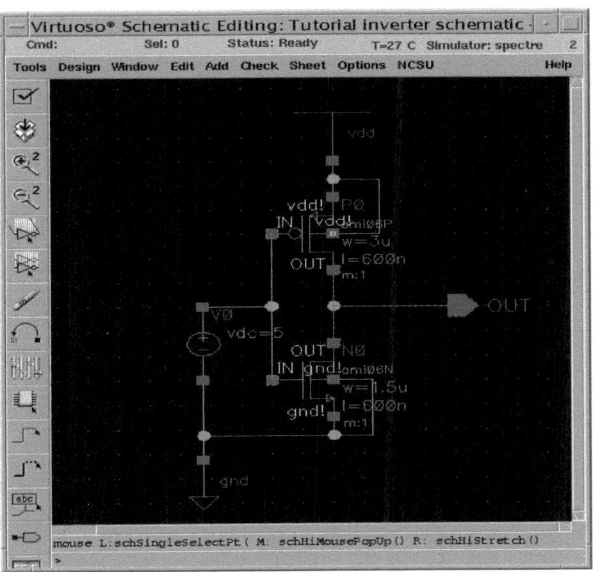

Rysunek :A2 Schemat przetwornika częstotliwości

Sprawdzić i zapisać schemat przetwornicy. Jeśli wystąpi jakiś błąd, to zostanie on zapisany w oknie CIW.

A2 Układ projektu

Poniższe kroki pokazują, jak korzystać z wirtuozowskiego edytora układów i zapoznać się z różnymi poleceniami używanymi do tworzenia i modyfikacji kształtów.

KROK 1: Tworzenie nowego widoku układu

- W oknie Menedżera biblioteki wybierz user_ library

  Następnie z menu należy wybrać: File => New => Cell view.

- Zostanie wyświetlone okno dialogowe z zapytaniem o nazwę biblioteki, komórki i widoku.

Wprowadź atrapę lub przetestuj jako nazwę komórki i wybierz Virtuoso jako narzędzie do projektowania.

Nazwa widoku zostanie automatycznie ustawiona na układ.

Obserwacja: Pojawią się dwa okna projektowe (Virtuoso i LSW). Okno wyboru warstw (LSW) (pokazane na rysunku A3 poniżej) umożliwia użytkownikowi wybór różnych warstw układu maski. Wirtuoz zawsze będzie korzystał z warstwy wybranej w LSW do edycji. Za pomocą LSW można również określić, które warstwy będą widoczne, a które można wybrać. Aby wybrać warstwę, po prostu kliknij na wybraną warstwę w ramach LSW.

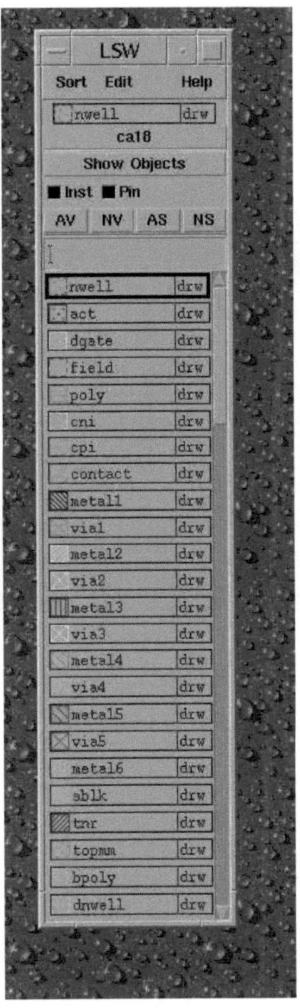

Rysunek A3: Okno LSW

Virtuoso jest głównym edytorem layoutów narzędzi do projektowania Cadence. Powszechnie używane funkcje są dostępne po naciśnięciu przycisków/ikonów na pasku narzędzi po lewej stronie tego okna. W górnej części okna znajduje się linia informacyjna, która pokazuje (od lewej do prawej) współrzędne X i Y kursora, liczbę wybranych obiektów, odległość przebytą w kierunku X i Y, całkowitą odległość oraz aktualnie używane polecenie. Informacja ta może być bardzo przydatna podczas edycji. W dolnej części okna, kolejna linia pokazuje funkcję każdego przycisku myszy. Zauważ, że funkcje przycisków myszy będą się zmieniać w zależności od aktualnie wykonywanego polecenia. Domyślnym trybem pracy myszy jest wybór i tak długo, jak długo nie wybierzesz nowego trybu pracy, pozostaniesz w tym trybie. Aby wyjść z dowolnego trybu lub polecenia i powrócić do domyślnego trybu wyboru, można użyć klawisza 'ESC'.

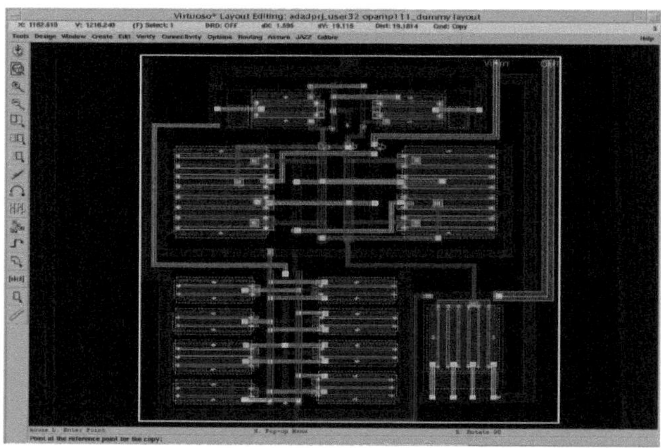

Rysunek A4: Okno edytora układu wirtualnego (Virtuoso Layout Editor)

KROK 2: Tworzenie szyn VDD (Power) i GND

Teraz jesteśmy gotowi do rozpoczęcia układania naszego projektu. Pierwszymi częściami, które stworzymy, są szyny zasilające i uziemiające dla naszego projektu. Zazwyczaj układ składa się z dużej liczby ogniw, z których wszystkie wymagają połączeń zasilania i uziemienia. Dlatego często projektuje się ogniwa z takim samym odstępem pomiędzy zasilaniem a masą, aby można je było łatwo połączyć, gdy ogniwa są umieszczone obok siebie. Ten pionowy odstęp nazywany jest podziałem ogniw i jest ogólnie znormalizowany dla wszystkich ogniw w tej samej bibliotece, aby ułatwić łączenie ogniw w obwodach wyższego poziomu.

Dla tego manuskryptu szyny zasilania i uziemienia zostaną wykonane z użyciem warstwy Metal-1 o szerokości 3µm (10 lambda), a standardowa podziałka celi (wysokość od dołu szyny GND do góry szyny VDD) będzie wynosić 21µm (70 lambda).

Teraz narysuj Power Rail i Ground Rail w Metal-1.

- Wybierz warstwę metal-1 dg z LSW. W pozostałej części tutorialu, zawsze używaj warstw dg dla swoich układów, chyba że ustalono inaczej.
- W oknie edycji układu Wirtualny układ kliknij przycisk Utwórz => Prostokąt (lub wybierz narzędzie tworzenia prostokąta z paska narzędzi).
- Przesuń myszkę do miejsca pochodzenia komórki, w którym przecinają się poziome i pionowe wytyczne. Sprawdź pasek informacyjny u góry ekranu, aby upewnić się, że znajdujesz się we właściwym miejscu (0, 0). Kliknij na ten punkt.
- Przesuń myszkę w górę i w prawo, aby utworzyć prostokąt. Za pomocą danych z paska informacyjnego przesuń mysz do punktu, który znajduje się na wysokości 7,2µm w poziomie i 3µm w pionie od punktu początkowego (7,2 x 3 µm znajduje się zawsze w kierunku X, odpowiednio w kierunku Y).

Kliknij na ten punkt, aby utworzyć prostokąt Metal-1, który będzie Twoją szyną uziemiającą.

- Powtórzyć te kroki, aby narysować szynę VDD 21µm (70 lambda), od góry do dołu, powyżej szyny GND. Przeczytaj sekcję Przydatne narzędzia do edycji poniżej.

Przydatne narzędzia edycyjne

Władca: Linijka jest bardzo przydatna do umieszczania obiektów i mierzenia odległości między nimi.

- Aby uruchomić linijkę, kliknij na ikonę linijki znajdującą się w dolnej części paska narzędzi.
- Kliknij na punkt początkowy i końcowy w oknie; zostanie utworzona linijka pokazująca odległość pomiędzy dwoma punktami.
- Naciśnij klawisz 'ESC', aby wyjść z polecenia linijki.

Przesuwanie: Jeśli umieścisz obiekty w niewłaściwym miejscu, możesz użyć funkcji przesuwania, aby dostosować ich położenie.

- Wybierz Edycja => Przenieś (lub kliknij na ikonę przeniesienia na pasku narzędzi).
- Pojawi się okno. Tryb Snap Mode jest interesującą opcją. Gdy znajduje się on w ustawieniu ortogonalnym, skopiowane obiekty będą poruszać się tylko wzdłuż jednej osi. Jest to dobra funkcja, która pomoże uniknąć problemów z wyrównaniem.
- Gdy zakończysz operację przenoszenia, naciśnij klawisz ESC, aby wyjść z polecenia przeniesienia.

Przyjąłem: Jeśli chcesz utworzyć ten sam obiekt wielokrotnie, możesz użyć funkcji kopiowania.

- Wybierz Edycja => Kopiuj, a pojawi się okno dialogowe kopiowania
- Kliknij w obiekt. Zauważ, że kontur obiektu zostanie dołączony do kursora myszy.

Przesuń naszą myszkę i kliknij, gdy będziesz zadowolony z lokalizacji, aby umieścić kopię obiektu.

Skasuj: Jeśli chcesz usunąć obiekt, narysowałeś go:

- Umieść kursor myszy nad obiektem i kliknij lewym przyciskiem myszy, aby go zaznaczyć.
- Naciśnij klawisz Delete na klawiaturze.

Cofnąć się: Kiedy popełnisz błąd (przypadkowo usuniesz komponent itp.), możesz cofnąć działanie klikając na ikonę Cofnij na pasku narzędzi.

<table>
<tr><td>PREPARED BY:

David Howard,
R. Zwingman,
Amol Kalburge</td><td>Jazz Semiconductor

4321 Jamboree Road, Newport Beach, CA 92660-3095</td><td>DOCUMENT NUMBER:

NPB-PS-0663</td></tr>
<tr><td>APPROVALS:

SEE QSI FOR
ELECTRONIC

APPROVALS</td><td>Proprietary Information
No Dissemination Or Use Allowed

Without Prior Written Permission</td><td>REVISION: 05
DATE: December 21, 2006
Pages: 116
TYPE OF DOCUMENT: Design Rules</td></tr>
<tr><td colspan="3">TITLE:

CA13HC DESIGN RULES</td></tr>
</table>

2. Applicable Documents

CA13HC Mask Requirements Specification NPB-PS-0579
CA13HC Electrical Specification NPB PS-0577
CA13HC Spice Data Bank TBD

3. Mask Set Layers

3.1. Legends

3.1.1. Cadence Layout

Layer name and Purpose are the cadence layout tools designation.
Layer description is the intended use of the cadence polygons or text.
Cadence purposes are dg=DRAWING layer, pn=PIN layer, ll=LABEL for text, nt=NET for circuit LVS, rr=RESISTOR for resistor marking, by=BOUNDRY definitions, st=SLOT for slotted vias, fl=FILL for dummy fill and bk=BLOCK for dummy fill.
Type is D=DRAWN layer, G = GENERATED layer, M = MARKING layer.
The dfll layer is the cadence internal layer.

3.1.2. Stream in/out

The gdsii layer is the stream layer from cadence stream out to GDS.
Datatype is the datatype of the streamed out layer that the cadence purposes are to be placed for the cadence layer name. Cadence Purposes map dg to datatype=0 or as designated (e.g. datatype 63), pn to datatype=2, ll to datatype=3, nt to datatype=4, rr to datatype=5, by to datatype=7, st to datatype=20, fl to datatype=31, bk to datatype=30.

3.1.3. Mask layers

Mask name and layer number along with the mask tone (positive or negative), the mask abbreviation and the layer on the wafer to which it aligns.

4B) Size down layer 2 datatype 0 by 0.36um per edge. Then size up the new result by 0.20 um per edge. This matches exactly the generation for circuit data.
4C) Size down layer 2 datatype 1 by 0.37 um per edge. Then size up the new result by 0.21um per edge. This generates an active overplot of 0.24 um per edge of reverse active for data type 1 polygons.
4D) Boolean OR together the result of 4B and 4C. Output the result on to layer 15 to produce the final reverse active data.

In the case of the frame structure data, this task should be performed only once with the result stored in the maskcad reference drop-in library for repeated use.

Field layer generation algorithm

```
l3 { drn3 =  lay3  AND lay118d40
    pwl1  = lay1  NOT lay118d40          // NWell
    pwl2  = pwl1  OR  lay94              // PWE
    pwl3  = pwl2  OR  (SIZE lay68 BY 0.30)  // NWell2
    pwl4  = pwl3  OR  lay118d69          // Native Mark
    pwl5  = SIZE  pwl4 BY 0.42 OVERUNDER
    pwl6  = SIZE  pwl5 BY 0.42 UNDEROVER
          pwl6  OR drn3 }
```

DN layer generation

```
dn14 { drn14 = lay14 AND lay118d40
      dn1  = lay6  AND lay12
      dn2  = dn1   NOT lay1
      dn3  = dn2   NOT lay118d40
      dn4  = dn3   NOT resb
      dn5  = dn4   NOT (lay118d61 OR lay118d62)
    // Preserve drawn DN within NPN but exclude it from EP regions
      dn6  = dn5   OR  ((lay14 AND lay118d61) NOT lay29)
      dn7  = SIZE  dn6 BY 0.17 UNDEROVER
      dn8  = SIZE  dn7 BY 0.17 OVERUNDER
           dn8 OR drn14 }
```

HP layer generation

```
l60 { drn60 = lay60 AND lay118d40
      hp1  = lay11 AND lay12
      hp2  = hp1   AND lay1
      hp3  = hp2   NOT lay118d40
      hp4  = hp3   NOT resb
      hp5  = hp4   NOT (lay118d61 OR lay118d62)
      hp6  = SIZE  hp5 BY 0.17 UNDEROVER
      hp7  = SIZE  hp6 BY 0.17 OVERUNDER
           hp7   OR drn60 }
```

PK layer generation

```
l59 { drn59 = lay59 AND lay118d40
      pk1  = lay11 AND lay1
```

3.4.1. Dummy Metal Layer Generation

Dummy Metal 1 layer generation

Additional floating metal 1 patterns should be added to the circuit and the PCMs to achieve the density specified by Rule 8.D. The following method of generation of dummy metal conforms to the process design rule.

1. Generate Jazz metal dummy fill pattern, consisting of 5umX5um squares at a 7 um pitch (2um space). Filler patterns should be skewed from true horizontal and vertical by 1um offset between squares. (data file 0).
2. Merge metal drawing (datatype 0) and customer provided metal fill (datatype 31) to obtain datafile 1.
3. Upsize the merged pattern datafile 1 by 17.5um to obtain data file 2. Note: The 17.5um exclusion may be changed to as low as 10um if the metal density requirements are not met using the default dummy metal fill algorithm.
4. Add customer drawn dummy fill block (datatype 30) to data file 2 above to obtain datafile 3.
5. Subtract datafile 3 from datafile 0 to obtain final metal dummy fill pattern as datafile 4.
6. Add data file 4 to datafile 1 above to make metal 1 mask.

Dummy Metal 2 layer generation

Additional floating metal 2 patterns should be added to the circuit and the PCMs to achieve the density specified by Rule 18.D. The following method of generation of dummy metal conforms to the process design rule.

1. Generate Jazz metal dummy fill pattern, consisting of 5umX5um squares at a 7 um pitch (2um space). Filler patterns should be skewed from true horizontal and vertical by 1um offset between squares. (data file 0).
2. Merge metal drawing (datatype 0) and customer provided metal fill (datatype 31) to obtain datafile 1.
3. Upsize the merged pattern datafile 1 by 17.5um to obtain data file 2. Note: The 17.5um exclusion may be changed to as low as 10um if the metal density requirements are not met using the default dummy metal fill algorithm.
4. Add customer drawn dummy fill block (datatype 30) to data file 2 above to obtain datafile 3

Dummy Metal 3 layer generation

Additional floating metal 3 patterns should be added to the circuit and the PCMs to achieve the density specified by Rule 28.D. The following method of generation of dummy metal conforms to the process design rule.

1. Generate Jazz metal dummy fill pattern, consisting of 5umX5um squares at a 7 um pitch (2um space). Filler patterns should be skewed from true horizontal and vertical by 1um offset between squares. (data file 0).
2. Merge metal drawing (datatype 0) and customer provided metal fill (datatype 31) to obtain datafile 1.
3. Upsize the merged pattern datafile 1 by 17.5um to obtain data file 2. Note: The 17.5um exclusion may be changed to as low as 10um if the metal density requirements are not met using the default dummy metal fill algorithm.
4. Add customer drawn dummy fill block (datatype 30) to data file 2 above to obtain datafile 3.
5. Subtract datafile 3 from datafile 0 to obtain final metal dummy fill pattern as datafile 4.
6. Add data file 4 to datafile 1 above to make metal 3 mask.

Dummy Metal 4 layer generation

Additional floating metal 4 patterns should be added to the circuit and the PCMs to achieve the density specified by Rule 38.D. The following method of generation of dummy metal conforms to the process design rule.

1. Generate Jazz metal dummy fill pattern, consisting of 5umX5um squares at a 7 um pitch (2um space). Filler patterns should be skewed from true horizontal and vertical by 1um offset between squares. (data file 0).
2. Merge metal drawing (datatype 0) and customer provided metal fill (datatype 31) to obtain datafile 1.
3. Upsize the merged pattern datafile 1 by 17.5um to obtain data file 2. Note: The 17.5um exclusion may be changed to as low as 10um if the metal density requirements are not met using the default dummy metal fill algorithm.
4. Add customer drawn dummy fill block (datatype 30) to data file 2 above to obtain datafile 3

Dummy Metal 5 layer generation

Additional floating metal 5 patterns should be added to the circuit and the PCMs to achieve the density specified by Rule 48.D. The following method of generation of dummy metal conforms to the process design rule.

1. Generate Jazz metal dummy fill pattern, consisting of 5umX5um squares at a 7 um pitch (2um space). Filler patterns should be skewed from true horizontal and vertical by 1um offset between squares. (data file 0).
2. Merge metal drawing (datatype 0) and customer provided metal fill (datatype 31) to obtain datafile 1.
3. Upsize the merged pattern datafile 1 by 17.5um to obtain data file 2. Note: The 17.5um exclusion may be changed to as low as 10um if the metal density requirements are not met using the default dummy metal fill algorithm.
4. Add customer drawn dummy fill block (datatype 30) to data file 2 above to obtain datafile 3.
5. Subtract datafile 3 from datafile 0 to obtain final metal dummy fill pattern as datafile 4.
6. Add data file 4 to datafile 1 above to make metal 5 mask.

Dummy Metal 6 layer generation

Additional floating metal 6 patterns should be added to the circuit and the PCMs to achieve the density specified by Rule 58.D. The following method of generation of dummy metal conforms to the process design rule.

7. Generate Jazz metal dummy fill pattern, consisting of 9umX9um squares at a 13 um pitch (4um space). Filler patterns should be skewed from true horizontal and vertical by 1um offset between squares. (data file 0).
8. Merge metal drawing (datatype 0) and customer provided metal fill (datatype 31) to obtain datafile 1.
9. Upsize the merged pattern datafile 1 by 25um to obtain data file 2. Note: The 25um exclusion may be changed to as low as 10um if the metal density requirements are not met using the default dummy metal fill algorithm.
10. Add customer drawn dummy fill block (datatype 30) to data file 2 above to obtain datafile 3.
11. Subtract datafile 3 from datafile 0 to obtain final metal dummy fill pattern as datafile 4.
12. Add data file 4 to datafile 1 above to make metal 6 mask.

3.4.2. Dummy Metal, Poly, Active Fill Exclusions

To prevent metal fill from causing mismatch on FETs, capacitors, and resistors, and to eliminate additional parasitic capacitance on RF components, the following procedures will be followed.

1) All "white areas" of chip within ABLB (i.e. no features drawn in Nwell, active, poly, TM, TM2 or metal) will receive metal fills on all required metal layers as specified in Section 3.5.1.

2) Analog and RF blocks will be identified by drawing a marking border (ABLB Layer 118 (datatype 53)) 1um outside the analog/RF circuit regions. Normal metal fill rules as specified in Section 3.5.1 will be used to generate metal fill outside this border. All areas within ABLB layer must obey special RF metal overplot rules (See Section 5.10)

3) For inductor areas of the circuit, an Inductor Marking Layer (IML layer 118/42) will be drawn. All mask areas containing layer 51 will not have any metal fill generated on any metal layer. This procedure will prevent fill from being placed in white space in the open region inside an inductor.

4) Dummy metal fill can be excluded in each individual metal layer by adding the dummy fill block marking layer, which is the metal layer number, datatype 30 (e.g., 8/30, 18/30, 28/30, 38/30, 48/30, and 58/30). However, metal density rules specified in the metal layer design rules in Section 4 must be met. Additionally, larger metal overplot rules of vias and larger minimum metal area rules, which are also applicable for regions within analog block border (ablb layer 118 (datatype 53)) regions and described in Section 5.11, are triggered for ALL metal layers within dummy fill block marking layer for any metal.

5) Customer provided dummy metal fill can be added in each metal layer. All customer provided dummy metal fill must be drawn on regular metal (datatype 0), and enclosed and coincident with dummy metal fill marking layer which is the metal layer number, but datatype 31 (e.g., 8/31, 18/31, 28/31, 38/31, 48/31, and 58/31). The customer provided dummy metal fill must not interact with the drawing metal (datatype 0), and must not interact with any contacts/vias.

6) There is no provision to allow customers to define exclusion regions for dummy active fill. Guidelines for dummy active generation are described in Section 3.5.3 and 3.5.4. Note that these guidelines are applicable for dummy active fill below inductors, MIM capacitors, and pads.

7) Dummy poly fill can be excluded in certain regions by adding the dummy poly block marking layer, which is the poly layer number 5, datatype 30. However, poly density rules specified in the poly layer design rules in Section 4 must be met.

8) Customer provided dummy poly fill is disallowed as it affects dummy active layer generation. Soft_ERC check will flag any unconnected poly as floating poly error (see Section 11).

3.4.3. Dummy Active Generation

When the active features of the circuit design allow large open areas without active features, additional non-functional active features (dummy active) must be added to insure a uniform topography for CMP process.

The rules below are not checked but used while establishing layer generation algorithm

Rules 2.P through 2.Y are required to enable planarization process methods used for shallow trench isolation. A preferred generation method is described at the end of this section as a simple and effective way to meet the requirements of rules 2.P through 2.Y.

Rules 2.P through 2.Y are not checked since the dummy active pattern is algorithmically generated. It is assumed correct by generation.

Rule No.	Rule Name	
2.P	Maximum active to active space without dummy fill (um)	10
2.U	Minimum dummy active separation from active (um) -- distance that floating dummy active feature must be from circuit active feature	2.5
2.V	Minimum dummy active separation from N-well edge (including N-well resistors) (See Note 2) (um)	2.0
2.W	Minimum dummy active separation from poly (um)	2.0
2.Y	Dummy active is not allowed inside N-well resistors (See Note 2)	

Note 2: Rule 2.V and Rule 2.Y: A "resdev" marking layer (Layer 80) is used to mark all the N-well resistors.

3.4.4. Dummy Poly Fill Generation

The following method for generation of dummy poly conforms to the process design rules.

1) Exclusion regions in dummy active and dummy poly fill

	For dummy active	For dummy poly
spacing to Active	2.5	2.5
spacing to Poly	2.0	2.0
spacing to nwell junction	2.0	2.0
spacing to nwell resistor marking (layer 80)	2.0	2.0
spacing to Artifact marking (layer 118/40)	0.3	0.3
spacing to metal 1	N/A	2.0
spacing to TM (MIM capacitor)	N/A	5.0
spacing to fuse marking (layer 118/52)	N/A	10.0
spacing to inductor marking (layer 118/42)	N/A	25.0
spacing to bond pad	N/A	10.0
spacing to dummy poly block marking (layer 5, datatype 30)	N/A	5.0
Spacing to native implant	5.0	5.0
Keep Partials	Yes	Yes
Keep Only Rectangles	No	Yes

2) Dummy Poly fill is not generated within partial dummy actives, i.e., dummy actives which are not 5um x 5um

3) Within the 5um x 5um dummy active, three 4x1 stripes of dummy poly are generated with 0.5um space to active edge and in between poly.

4) Within the field area, dummy poly is generated with feature width of 1um and space of 0.5um to active edge and in between poly. The minimum length of dummy poly is 2um and the maximum length is 7.5um

Metal 1 "M1" (Layer 8)

Mask 8: This mask defines the first layer metal interconnection for a circuit. The mask is a positive mask and is aligned to the zero layer. See Illustration 8.

Rule No.	Rule Name	CA13HC
8.A	Minimum metal 1 line width	0.19
8.B	Minimum metal 1 to metal 1 space	0.20
8.B.a	Minimum metal 1 to metal 1 space for one or both metal 1 width and length are greater than 10um (metal 1 polygon larger than 10um x 10um). This includes all attachments to a large metal 1 polygon and extending out with a run of 1.0um or less.	0.60
8.C	Minimum metal 1 overplot of contacts (see note 2)	0.005
8.C.a	Minimum metal 1 overplot of contact at two opposite sides of contact (see Illustration 8)	0.05
8.C.b	Minimum metal 1 overplot of contact at two opposite sides of contact (see Illustration 8), if metal1 area is less than 0.205 um^2	0.10
8.C.b.1	Minimum metal 1 overplot of via1 at two opposite sides of contact (see Illustration 8), if metal1 area is less than 0.205 um^2	0.10
8.D	Minimum metal 1 density (total metal 1 area / chip area)(see Note1)	30%
8.E	Minimum metal 1 area	0.144 (um^2)
8.F	Maximum metal 1 density (total metal 1 area / chip area)(see Note1)	60%

Note 1: Run density check to find out if Jazz default dummy (floating) metal fill algorithm will meet metal density requirements. See section 3.4.1 and 3.4.2 for dummy metal fill. Additional floating metal 1 patterns should be added to the circuit and the PCMs to achieve the density specified by Rule 8.D. The following method of generation of dummy metal conforms to the process design rule.

Note2: Use special metal overplot rules for analog and RF blocks (areas covered by analog block layers

Metal 3 "M3" (Layer 28)

Mask 28: This mask defines the third metal interconnects. The mask is a positive mask and is aligned to the zero layer. See Illustration 28.

Rule No.	Rule Name	CA13HC
28.A	Minimum metal 3 width	0.24
28.B	Minimum spacing metal 3 to metal 3	0.24
28.B.a	Minimum spacing metal 3 to metal 3 for one or both metal 3 width and length are greater than 10um (metal 3 polygon larger than 10um x 10um). This includes all attachments to a large metal 3 polygon and extending out with a run of 1.0um or less.	0.60
28.C	Minimum metal 3 overplot of via2 (see note 2)	0.01
28.C.a	Minimum metal 3 overplot of via2 at two opposite sides of via2 (see Illustration 28)	0.05
28.C.b	Minimum metal 3 overplot of via2 and via3, if metal3 area is less than 0.205 um^2	0.08
28.D	Minimum metal 3 density (total metal 3 area / chip area) (See Note 1)	30%
28.E	Minimum metal 3 area	0.144 (um^2)
28.F	Maximum metal 3 density (total metal 3 area / chip area) (See Note 1)	60%

Note 1: Run density check to find out if Jazz default dummy (floating) metal fill algorithm will meet metal density requirements. See section 3.4.1 and 3.4.2 for dummy metal fill. Additional floating metal 3 patterns should be added to the circuit and the PCMs to achieve the density specified by Rule 28.D. The following method of generation of dummy metal conforms to the process design rule.

Note2: Use special metal overplot rules for analog and RF blocks (areas covered by analog block layers 118/53). See section 5.8

4.29. Metal 6 (layer 58)

Mask 58: This mask defines the top (or sixth) metal interconnects, inductors and bonding pads for a circuit. The mask is a positive tone mask and is aligned to ZL. See Illustration 58.

Rule No.	Rule Name	CA13HC
58.A	Minimum metal 6 width	2.50
58.B	Minimum metal 6 to metal 6 space	2.00
58.C	Metal 6 overplot of via5 (see note 2)	0.35
58.D	Minimum metal 6 density (total metal 6 area / chip area). See Note 1	25%
58.E	Minimum metal 6 area	6.25 (um^2)
58.F	Maximum metal 6 density (total metal 6 area / chip area). See Note 1	60%

Note 1: Run density check in Calibre to find out if Jazz default dummy (floating) metal fill algorithm will meet metal density requirements. See Section 3.4 for dummy metal fill generation.
Note 2: Use special metal overplot rules for analog and RF blocks (areas covered by analog block layer 118, datatype 53). See section 5.6.

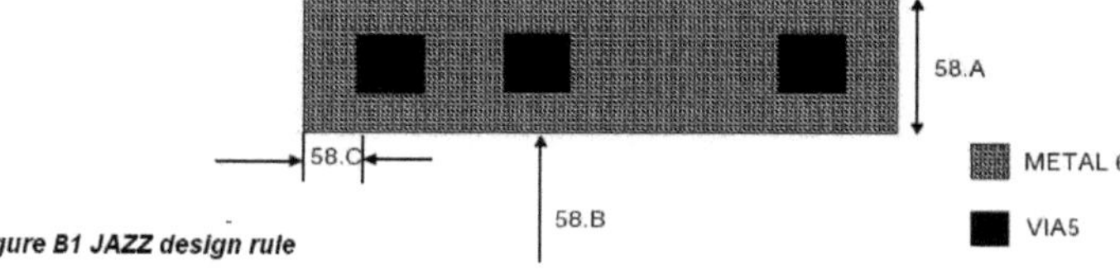

gure B1 JAZZ design rule

Standard Verification Rule Format (SVRF) Manual

Calibre® 2006.1

February 2006

© 1996-2006 Mentor Graphics Corporation
All rights reserved.

This document contains information that is proprietary to Mentor Graphics Corporation. The original recipient of this document may duplicate this document in whole or in part for internal business purposes only, provided that this entire notice appears in all copies. In duplicating any part of this document, the recipient agrees to make every reasonable effort to prevent the unauthorized use and distribution of the proprietary information.

Chapter 1
Preface

This manual describes completely the SVRF syntax elements through the Calibre 2005.4 release. For later functionality, refer to the release notes for the particular product you are interested in. This manual contains key concepts about rule files and reference information about operations and specification statements used with Calibre® and ICverify™ products.

Table 1-1. Products Discussed in this Manual

Product	
Calibre® ADP	Calibre® PRINTimage™
Calibre® DRC	Calibre® PSMgate™
Calibre® DRC-H™	Calibre® RVE™
Calibre® FRACTUREj™	Calibre® TDopc™
Calibre® FRACTUREm™	Calibre® WORKbench™
Calibre® FRACTUREt™	Calibre® xRC™
Calibre® Interactive™	Calibre® xL
Calibre® LVS	Calibre® YieldAnalyzer
Calibre® LVS-H™	Calibre® YieldEnhancer
Calibre® MDPmerge™	IC Station®
Calibre® MDPstat™	ICgraph™
Calibre® MDPverify™	ICrules™
Calibre® OPCsbar™	ICtrace™
Calibre® OPCpro™	ICverify™
Calibre® ORC	

Refer to the *Configuring and Licensing Calibre Tools* manual for complete information.

Audience

This manual is written for anyone writing rule files for use with Calibre and ICverify tools to perform layout verification. This manual assumes that you are already familiar with IC Station and general layout verification requirements for your designs.

Chapter 2
Key Concepts

The Mentor Graphics IC verification products—Calibre and ICverify—provide a complete layout verification solution that encompasses:

- Design rule checks (DRC) including Design for Manufacturability (DFM)
- Electrical rule checks (ERC)
- Layout versus schematic comparison (LVS)
- Parasitic extraction (PEX) and analysis
- Resolution Enhancement Technologies (RET)
- Mask Data Preparation (MDP/Fracture)

Calibre provides server functionality for DRC, DFM, LVS, ERC, RET, MDP/Fracture, and PEX. ERC applications are performed as a part of LVS. DFM, RET, MDP, and Fracture applications are built on the DRC engine.

The ICrules (DRC) and ICtrace (LVS) elements of ICverify provide flat Calibre and functionality within IC Station. Calibre xRC CB provides flat parasitic extraction functionality.

When there is no need to distinguish between applications in Calibre, the term Calibre is used. When there is no need to distinguish between Calibre DRC, DRC-H, and ICrules, the term DRC is used. Similarly for Calibre LVS, LVS-H, and ICtrace.

Rule File

The Calibre and ICverify products use, as input, a *Standard Verification Rule Format* (SVRF) file (or *rule file* for short). Provided you understand the intent of a rule and its syntax, you can manually convert third-party verification rule files into SVRF format.

The rule file governs the following activities: original layer definition, derived layer generation, design rule checking, connectivity extraction, electrical rule checking, device recognition, connectivity comparison, and parasitic extraction.

All functionality of the Calibre and ICverify products depend on declarations specified in the rule file. All elements in a rule file can be placed in one of two categories: *operations* and *specification statements*. The basic distinction between categories is that operations work on the layout data and specification statements govern the environment in which the operations function.

Table 2-2 lists the keywords, keyword abbreviations, and/or prefixes of keywords that cause conflicts with user-defined names and result in compilation errors:

Table 2-2. Keyword - Name Conflicts

abut	drawn	internal	overlap	sconnect
acute	drc	intersecting	para	shift
and	enc	label	parallel	shrink
angle	enclose	layer	parasitic	singular
angled	enclosure	layout	path	size
area	erc	length	pathchk	snap
attach	exclude	litho	perimeter	source
by	expand	lvs	perp	space
capacitance	ext	magnify	perpendicular	square
capi	extend	mask	pex	stamp
coin	extent	measure	pins	step
coincident	extents	merge	polygon	svrf
connect	external	net	polynet	tddrc
connected	flag	not	port	text
convex	flatten	notch	ports	title
copy	fracture	obtuse	precision	topex
corner	fringe	offgrid	proj	touch
cut	group	opcbias	projecting	trace
density	grow	opclineend	push	tvf
dev	hcell	opcsbar	rectangle	unit
device	holes	opposite	rectangles	variable
dfm	in	or	region	vertex
direct	inside	ornet	resistance	virtual
disconnect	int	out	resolution	with
donut	interact	outside	rotate	xor

Basic Rule File Structure

The statements and operations that drive the layout verification process are stored in a text file. You prepare this file, called the *rule file*, using any text editor. When the rule file is loaded, it is checked for syntax and other errors, and compiled. Because the compiler processes a rule file as a single entity, the order in which the elements are presented is generally not important. However, there are certain situations where elements are order-dependent. These are discussed in the descriptions of the operations, in Chapter 3, where applicable.

The following broad categories of elements are found in an SVRF rule file:

Layer Assignments
Global Layer Definitions
Comments
Include Statements
RuleCheck Statements {
  Local Layer Definitions

Layer Operations
RuleCheck Comments
}
Specification Statements
Connectivity Extraction Operations
Parasitic Extraction Statements
Device Recognition Operations
Conditionals
Macros
Runtime TVF Functions

These are discussed in detail next.

Rule File Elements

The main categories of rule file elements appear in Table 2-3.

Table 2-3. Rule File Elements

Element	Description

Layer Assignments and Definitions	Layer assignments are made with the Layer specification statement. For example:
	`LAYER POLY 1`
	`LAYER OXIDE 2`
	In these statements, layer numbers are assigned to layer names (usually called original or drawn layers). Layer name reassignments are not allowed.

Density

Layer operation

DENSITY ***layer1*** [*layer* ...] [[*density_expression*]] ***constraint***
[INSIDE OF EXTENT | INSIDE OF *x1 y1 x2 y2* |
{INSIDE OF LAYER *layerB* [BY EXTENT | BY POLYGON | BY RECTANGLE |
CENTERED *value*]}]
[WINDOW {*wxy* | *wx wy*} [STEP {*sxy* | *sx sy*}]
[TRUNCATE | BACKUP | IGNORE | WRAP]
[GRADIENT *constraint* [RELATIVE | ABSOLUTE] [CORNER]]
[CENTERS *value*]
[PRINT [ONLY] *filename*]
[RDB [ONLY] *filename*]

Summary

The Density operation is typically used to check the area of an input layer versus the area of a data capture window. This operation has numerous features that control how the data capture window scans the layout, as well as the mathematical expression the operation is supposed to check. Density also offers detailed RDB output for statistical analysis.

Parameters

- ***layer1***

  One or more original or derived polygon layers. At least one layer must be specified.

- [*density_expression*]

  An optional expression that performs a calculation involving layer data. The *expression* may involve numbers (including numeric variables); unary operators (+, -, !, ~), binary operators (^, *, /, +, -); parentheses ( ); and these functions:

AREA(*input_layer*)	SIN(x)
SQRT(x)	COS(x)
EXP(x)	TAN(x)
LOG(x)	

  The usual rules of operator precedence apply, and parentheses may be used to establish precedence in the calculation.

  The expression must not result in strictly negative values because strictly negative values cannot be checked by a ***constraint***. The AREA function returns values based upon user units of length squared. AREA() (no layer specified) returns the area of the data capture window.

- ***constraint***

  A required constraint listed in the "Constraint Notation" column of Table 2-1 on page 2-5. By default, it specifies the ratio of a layer's area in a specified window to the area of the window itself that must be met. If a *density_expression* is provided, the ***constraint*** is the value that the expression is tested against. If the ratio is intended as a per cent, it should be a number between 0 and 1, where division by 100 has occurred. The constraint "< 0" is not allowed.

- INSIDE OF

  An optional keyword set that defines a rectangular boundary within which a data capture WINDOW moves. The choices are:

  INSIDE OF EXTENT — Specifies that the boundary is the extent of the input ***layer***.

  INSIDE OF *x1 y1 x2 y2* — Specifies the lower-left and upper-right corners of a rectangle, orthogonal to the database axes, in user units. If a coordinate is negative, it must be enclosed in parentheses ( ).

  INSIDE OF LAYER *layerB* — Specifies the boundary as polygonal regions of *layerB*. The *layerB* parameter must be an original or derived polygon layer. The exact heuristic is described later in this section. The following optional keyword sets can be specified with INSIDE OF LAYER, and are mutually exclusive of one another. If no optional keyword is specified, the default mode performs a Boolean AND operation of geometric output with INSIDE OF LAYER *layerB*.

  - BY EXTENT — Specifies that the extent of *layerB* is used for the boundary.
  - BY POLYGON — Specifies that the extent of *layerB* is used as the boundary and that the input layers are modified to be the logical intersection (Boolean AND) of the input layers and *layerB*.
  - BY RECTANGLE — Specifies that the extent of *layerB* is used as the boundary and that the input layers are modified to be the logical intersection (Boolean AND) of the input layers and *layerB*. Similar to BY POLYGON, but uses a different computation algorithm.
  - CENTERED *value* — Keyword and positive, floating-point number that specifies that instead of outputting entire rectangles, the output is squares with edges of length *value*, located at the center of the rectangles that ordinarily would be output.

  If you do not specify any of these keyword sets in the operation, the default boundary is the database extent read in at run time.

- WINDOW {*wxy* | *wx wy*}

  An optional keyword set that specifies a data capture window within which the density check is to occur. The choices are:

  WINDOW *wxy* — Specifies a square window with a height and width of *wxy* user units. The string *wxy* must be a positive real number.

  WINDOW *wx wy* — Specifies a rectangular window with a height of *wy* user units and a width of *wx* user units. The strings *wx* and *wy* must be positive real numbers.

  If you do not specify this optional keyword set in the statement, the default window size is defined by the INSIDE OF *boundary*.

By default, the tool truncates the WINDOW to the boundary size if the WINDOW is larger than the boundary in the x-direction or y-direction. The tool also sets the STEP value, if specified, to the new WINDOW size in the appropriate direction.

Figure 4-19. Density WINDOW

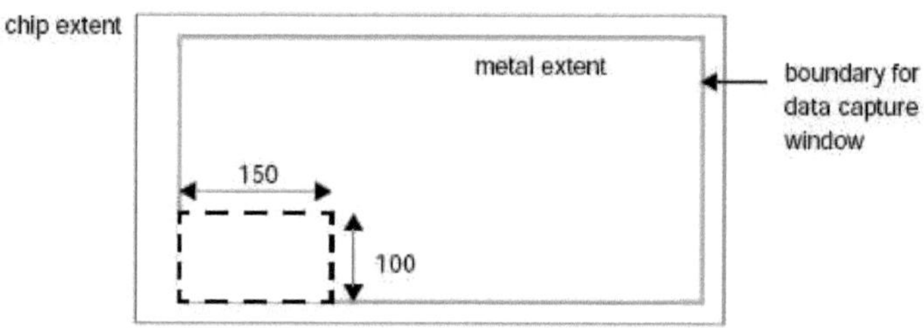


```
rule { DENSITY metal < 25 INSIDE OF EXTENT
    WINDOW 150 100}
```

- STEP {*sxy* | *sx sy*}

  An optional keyword set that specifies the fixed distance a window moves within a boundary. May not be specified with GRADIENT. The choices are:

  STEP *sxy* — Specifies that the window moves to the right and up in increments of *sxy* user units. The string *sxy* must be a positive real number.

  STEP *sx sy* — Specifies that the window moves incrementally to the right *sx* user units and up *sy* user units. The strings *sx* and *sy* must be positive real numbers.

  If you do not specify this optional keyword set in the statement, the default step size is defined by the WINDOW dimensions.

  If you specify both STEP and WINDOW in the statement, then the values *sxy*, *sx*, and *sy* must be less than or equal to, and evenly divide into, the values *wxy*, *wx*, and *wy*, respectively. For best results, the STEP size should be no less than 10% of the WINDOW size.

  STEP must be specified with WINDOW. STEP may not be specified with GRADIENT.

Figure 4-20. Density WINDOW STEP

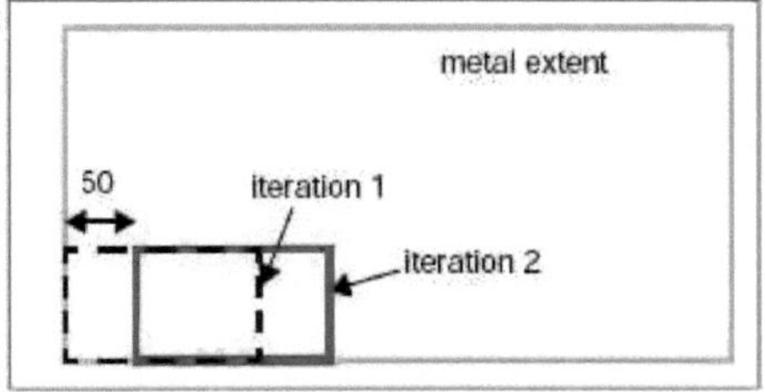

rule {DENSITY metal < 25 INSIDE OF EXTENT
WINDOW 150 100 STEP 50}

- TRUNCATE

  An optional keyword that instructs the tool to use the default algorithm for moving the data capture window. This is specified only to show explicitly that the default algorithm is being used. By default, the window is truncated at the limits of the boundary region in which the window moves. This algorithm is discussed later in this section.

- BACKUP

  An optional keyword that instructs the tool to alter the algorithm for moving the data capture window. When you specify BACKUP, if a window overlaps the right-hand or top edges of the boundary box, the window is shifted left or down until it is no longer overlapping the boundary.

- IGNORE

  An optional keyword that instructs the tool to alter the algorithm for moving the data capture window. When you specify IGNORE, if a window overlaps the right-hand edge or the top edge of the boundary box, the window is ignored and no data for that window location is output.

- WRAP

  An optional keyword that instructs the tool to alter the algorithm for moving the data capture window. When you specify WRAP, if a window overlaps the right-hand edge or the top edge of the boundary box, the boundary box and its data are duplicated and added to the right-hand side or top side of the original bounding box. The density measurement is then taken in the window that intersects the duplicated boundaries. See Figure 4-21.

Figure 4-21. WRAP

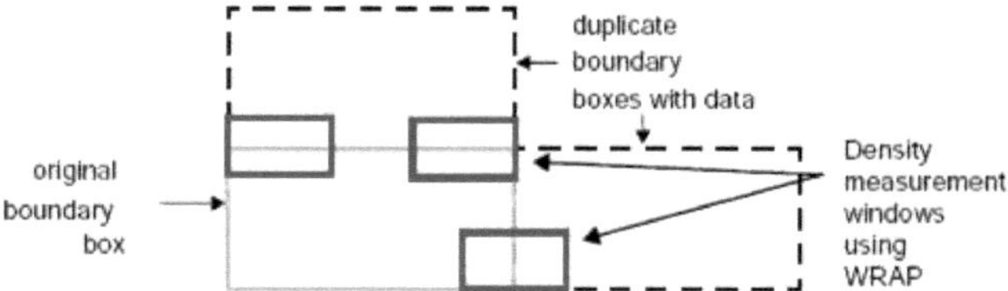

- GRADIENT *constraint* [[RELATIVE | ABSOLUTE] [CORNER]]

  Optional keyword and constraint that specifies the gradient value a window must satisfy in order to be output. This condition is *in addition to* the standard Density criterion. The RELATIVE, ABSOLUTE, and CORNER keywords are optional and, if specified, must be in addition to GRADIENT.

  The gradient value of a window W is the maximum of

  $\{G(W, W_L), G(W, W_R), G(W, W_B), G(W, W_T)\}$

  where W_L is the window immediately to the left of W, W_R is the window immediately to the right of W, W_T is the window immediately above W, W_B is the window immediately below W, and the function G is defined as:

  $G(A, B) = ||V_A| - |V_B|| / \max(|V_A|, |V_B|)$ (relative equation)

  or

  $G(A, B) = ||V_A| - |V_B||$ (absolute equation)

  for windows A and B, where V_A is the density ratio value of window A and V_B is the ratio value of window B.

  G(A, B) is V_A if V_B is zero, and vice-versa; G(A, B) is zero if $V_A = V_B$. Also, $G(W, W_L)$ is zero if W is a leftmost window, and so forth.

  The *relative equation* for G(A, B) is the default for GRADIENT, and is also used if the keyword RELATIVE is explicitly specified; the *absolute equation* for G(A, B) is used if the keyword ABSOLUTE is specified.

  If CORNER is specified with GRADIENT, then the set of windows in the GRADIENT calculation is extended to include the four windows touching W on each corner, which may not exist at certain window locations.

  If GRADIENT and PRINT are both specified, then each line in the PRINT output file has an additional (sixth) numeric which is the GRADIENT value of the window.

  GRADIENT may not be specified with STEP.

- CENTERS *value*

  Optional keyword and positive floating-point number in user units that cause the output of Density to be squares of *value* by *value* dimensions located at the centers of rectangles that would be output by default.

- PRINT [ONLY] *filename*

  An optional keyword set that specifies that all processed rectangles are printed to the desired files. The choices are:

  PRINT *filename* — Specifies that the tool prints the rectangles to the specified *filename* and the result layer.

  PRINT ONLY *filename* — Specifies that the tool prints the rectangles only to the specified *filename*. The PRINT ONLY parameter leaves the results database layer empty. This saves operation time if you are not interested in the geometric result. This parameter is only supported in DRC applications (Calibre DRC/DRC-H and ICrules). All other applications issue a warning and do not generate the printed output; however, they do generate the standard output of the operation.

  File names are case-sensitive. The *filename* parameter can contain environment variables. For information regarding the use of environment variables in the *filename* parameter, refer to "Environment Variables in Pathname Parameters" in chapter 2, "Key Concepts".

- RDB [ONLY] *filename*

  An optional keyword set, where *filename* instructs the tool to create, as a part of the Density operation, an ASCII results database (RDB) with geometry and detailed statistics, having the given *filename*. This database is *in addition to* the usual DRC Results Database, and can be loaded into Calibre RVE or ICgraph. File names are case-sensitive.

  RDB *filename* — Specifies RDB output to the *filename*.

  RDB ONLY *filename* — Specifies results are sent to the RDB database only. No geometric data is sent to the usual DRC results database.

  RDB is for use in DRC-related applications only. If used in LVS or PEX applications, a warning is issued and the Density operation continues as if RDB were not specified.

Description

Generates a derived polygon layer by measuring the density of its input layer[s] over a user-specified grid within a user-specified rectangular boundary.

If no *density_expression* is supplied, Density outputs rectangles of a specified size whose ratio of total area of input layers within the window to the window area itself meets the ***constraint***. That is, if the ratio of the total area of input layers in a window to the area of the window satisfies the ***constraint***, then the window is output (or printed).

A ***constraint*** ratio that is a per cent, such as 20%, should be entered as 0.20, not 20. The value 20 is permitted, but such a value will only generate results when used with a proper *density_expression*.

If you supply a *density_expression*, then the value (based in user units) of the *density_expression* is computed within each WINDOW and if the value of the expression satisfies the ***constraint***, then the window is output as usual. Division by zero is defined NOT to satisfy any ***constraint***.

The *density_expression* may contain the function AREA with or without a ***layer*** parameter. AREA() returns the area of the window itself. For example:

```
DENSITY L1 L2 L3
        [ ( AREA(L1) + AREA(L2) + AREA(L3) ) / AREA() ] ...
```

is equivalent to not specifying a *density_expression*.

Algebraic and transcendental functions — The six algebraic and transcendental functions that you can use in a *density_expression* are these:

Table 4-2. Algebraic and Transcendental Functions

Function	Definition
SQRT(x)	square root of x
EXP(x)	exponential (base e) of x
LOG(x)	natural logarithm of x
SIN(x)	sine of x radians
COS(x)	cosine of x radians
TAN(x)	tangent of x radians

In Table 4-2, x is a numeric argument (including numeric variables and numeric-valued sub-expressions). There is no compile-time or runtime exception checking on the arguments of these functions and unreasonable or undefined values may result from certain arguments.

Operators — Unary operators require only one numerical argument and all have the same precedence. The + and - operators are the usual positive and negative signs. The other unary operators do the following:

> ! **operator** — Returns 0 if its argument is non-zero and 1 if its argument is 0.
>
> ~ **operator** — Returns 0 if the argument is positive and 1 if the argument is non-positive.

Binary operators require two numerical arguments. The ^, *, /, +, and - operators can be used. The ^ operator is the same as the C language pow( ) function, where x ^ y means x raised to the y power. Values for x and y that result in undefined results generate an error. The ^ operator has the same precedence as * and /.

Functional Details

The exact algorithm follows:

An overall rectangular boundary with corners (BX1,BY1), (BX2,BY2) for the operation is first established. If INSIDE OF *x1 y1 x2 y2* is specified, this boundary is given by the four numeric parameters following the INSIDE OF keyword which must designate a valid rectangle orthogonal to the database axes; numerics are in user units. If INSIDE OF EXTENT is specified, the boundary is the extent of the input layer. If neither one is specified, then the boundary is the database extent (this may not properly contain the input layer due to oversizing and so forth).

The WINDOW parameter specifies the minimum rectangle size in which the density check is to occur. This rectangle size is *wx* by *wy*. If only one value is specified, *wxy*, the rectangle is assumed to be a square. If WINDOW is not specified, it defaults to the size of the bounding box (BX1,BY1), (BX2,BY2) defined previously. Arguments *wx* and *wy* must be positive numbers and are in user units.

The STEP parameter specifies the step size to move the window *wx* by *wy* defined above at each iteration. This step size is *sx* by *sy* if both are specified. If only one value is specified, *sxy*, then the x and y steps are equal. STEP has these conditions:

- STEP parameters must all be positive numbers and are interpreted in user units.
- STEP must be specified with WINDOW.
- If STEP is not specified, then *sx* and *sy* default to the WINDOW dimensions *wx* and *wy*, respectively.
- If both WINDOW and STEP are specified, then *sx* and *sy* must be less than or equal to *wx* and *wy*, and evenly divide *wx* and *wy*, respectively.
- If the WINDOW parameter exceeds the boundary size in the x-direction, that is, if *wx* > (BX2 - BX1), then both *wx* and *sx* are set to BX2 - BX1. Similarly for the y-direction.

Given the bounding box determined by (BX1,BY1), (BX2,BY2), the WINDOW size *wx* by *wy*, and the STEP size *sx* by *sy* defined previously, the operation executes conceptually as follows:

1. Initialize the iteration by placing a rectangle R of size *wx* by *wy* in the lower-left corner of the bounding box (BX1,BY1), (BX2,BY2). At each step, designate R's lower-left and upper-right coordinates by (RX1,RY1), (RX2,RY2). Go to Step 2.
2. If no *density_expression* is provided, the ratio of the total layer[s] area in the rectangle R to the area of R itself is compared to the ***constraint***. If the ratio meets the ***constraint***, then R is output. Otherwise the ratio of the *density_expression* to the area of R is computed and compared to the ***constraint***. If RX2 > BX2 or RY2 > BY2, then R is truncated by the bounding box for use in this calculation. Go to Step 3.
3. If RX2 >= BX2 then move R back to the left side of the bounding box and go to Step 4. Otherwise, move R to the right by *sx* and go to Step 2.
4. If RY2 >= BY2 then quit. Otherwise, move R up by *sy* and go to Step 2. When complete, all output rectangles are merged.

TRUNCATE, BACKUP, IGNORE, and WRAP are optional, and mutually exclusive keywords.

```
-8881400 -3747200
-8986400 -3747200
...
```

Notice the presence of properties DV, DG, and DA. Property DV (Density value) is the ratio value of the window and is always attached. Property DG (Density gradient) is the gradient value of the window and is attached if GRADIENT is specified. Property DA (Density area) may either be followed by a numeric value, or by a layer name and then a numeric value. With no layer name, it is the area of the window and is always attached. Otherwise, a DA property is attached for each input layer and is the name of the input layer followed by its area in the window.

Properties can be mapped to colors for display in RVE. They can also be sent to a histogram in RVE for analysis. See "Property-Based Colormaps and Histograms" in the *Calibre Interactive User's Manual* for details.

RDB results databases may be in common among multiple Density RDB operations. The first open of an RDB file in a DRC run truncates the file and writes the header line consisting of the top-cell name and precision. Subsequent file opens are in append mode. There is no check that an RDB ASCII DRC results database does not coincide with any other DRC results database to be created in the run (outside of Density RDB) and caution is advised. If an RDB file cannot be opened, then a warning is issued and the operation continues as if RDB were not specified.

Examples

Example 1

The following example checks the specification: The density of metal2 in every 5 × 5 area of the layout must exceed 25%:

```
met2_check {
@ The density of metal2 in every 5x5 area of the layout must
@ exceed 25%
DENSITY metal2 < 0.25 WINDOW 5.0
}
```

Example 2

The following example specifies a 2 user unit step size because "3 -1" is viewed as the arithmetic operation 3 minus 1:

```
DENSITY metal2 < 0.25 WINDOW 10.0 STEP 3 -1
```

whereas, the following example results in a compilation error due to the negative y-value:

```
DENSITY metal2 < 0.25 WINDOW 10.0 STEP metal 3 (-1)
```

Example 3

Consider the following rule: Metal density in any 100 × 100 window (stepped 50 × 50) must exceed 0.25. However, if there is poly present in the window, then there is no requirement on metal density. Solution:

```
density_rule_a { DENSITY metal poly <= 0.25 WINDOW 100
       STEP 50 [ AREA(metal) / ( !AREA(poly) * AREA() ) ]
}
```

Example 4

Consider the following rule: Metal density in any 100 × 100 window (stepped 50 × 50) must exceed 0.25. However, if there is poly present in the window, then the area of the poly must first be subtracted from the window area. Solution:

```
density_rule_b{ DENSITY metal poly <= 0.25 WINDOW 100
        STEP 50 [ AREA(metal) / ( AREA() - AREA(poly) ) ]
}
```

Example 5

Consider the following rule: Metal density in any 100 × 100 window (stepped 50 × 50) must exceed 0.25. However, if there is poly present in the window, then the area of the poly must be first subtracted from the window area. In addition, the metal area must exclude any intersection of metal and poly. Solution:

```
density_rule_c{
        X = metal NOT poly
        DENSITY X poly <= 0.25 WINDOW 100 STEP 50
        [ AREA(X) / ( AREA() - AREA(poly) ) ]
}
```

Example 6

Suppose you want to check the density of a layer L within certain regions of the design that are marked by text objects labeled "xyz", and the regions are 100 × 100 squares. Solution:

```
x = EXPAND TEXT "xyz" BY .01
y = DENSITY L <= 0.25 WINDOW 100 INSIDE OF x CENTERED 100
```

D POKŁAD Z REGUŁAMI KALIBRU

D1 POKŁAD Z REGUŁĄ DRC

```
// drc.rules- nowa kartoteka
#define DRC_OPT DRC
// #define DRC_OPT 0.295
ZMIENNA PWR_NAZWY "VDD"
ZMIENNA GND_NAMES "VSS"
LAYOUT PATH
"/projects/fabdes130/adadprj/work_libs/user7/cds/inv_layout_jns_07_04.gds".
//LAYOUT PATH "LAYOUT_PATH"/projekty/fabdes130/adadprj/work_libs/user7/cds/
LAYOUT PRIMARY "inv_layout_jns_07_04"
/UKŁAD PODSTAWOWY "TOP_CELL_NAME"
SYSTEM UKŁADOWY GDSII
/SYSTEM ŹRÓDŁOWY HSPICE
// ŚCIEŻKA ŹRÓDŁOWA "SOURCE_PATH"
//SOURCE PRIMARY "SOURCE_PRIMARY"
DATABASA WYNIKÓW MASKI "maskdb"
//LVS REPORT "LVS_REPORT_NAME"
GŁĘBOKOŚĆ TEKSTU PODSTAWOWY
DATABASA WYNIKÓW DRC
"/export/home/user7/run_cal/drc_module/reports/drc_database.rpt" ASCII
RAPORT SUMARYCZNY DRK
"/export/home/user7/run_cal/drc_module/reports/drc.report" REPLACE

/*
LVS POWER NAME LVS_POWER_NAMES
LVS NAZWA NAZIEMNA LVS_GROUND_NAMES
LVS FILTR NIEUŻYWANEJ OPCJI FILTER_UNUSED
LVS ROZPOZNAJE BRAMY SIMPLE_NONE
LVS REDUCE PARALLEL MOS REDUCE_YESNO
REDUCE LVS SPLIT BRAMY REDUKUJĄ_YESNO
LVS ISOLATE SHORTS ISOLATE_YESNO
LVS ROZDZIELCZOŚĆ MAJĄTKOWA MAKSYMALNIE WSZYSTKIE
*/
PRECYZJA 1000
/JEDNOSTKA DŁUGOŚCI MIKRONA

FLAG SKEW    TAK
```

FLAGA OFFGRID TAK
KWAS FLAGOWY TAK

//include "/projects/fabdesign/icmlprj/pev_decks/common.rules"
//include "/toolss/fab/PDK/PDK-kit/HOTCODE/techs/generic/calibre/generic_density.rules".
obejmują "/export/home/user7/run_cal/drc_module/input-density.rules".

D2 POKŁAD Z REGUŁĄ GĘSTOŚCI OGÓLNEJ

//generic_density.rules file

```
// Tytuł "FabSemi unified calibre density drc"
/********1*********2*********3*********4*********5*********6*********7***
 *     Generic Density DRC autorstwa Juana Cordoveza                      *
 *     Użyteczne dla WSZYSTKICH technologii
 * Historia:
 * 2006/02/28 - Zwolnienie wstępne
 ***************************************************************************
 ********1*********2*********3*********4*********5*********6*********7***
 *                    Sekcja definicji                      *
 ********1*********2*********3*********4*********5*********6*********7***/

REZOLUCJA 25           // siatka 0,025um

#ifdef run_cal

DRC MAKSYMALNE WYNIKI    5000

#endif

/********1*********2*********3*********4*********5*********6*********7***
 *                   Sekcja definicji warstwy wejściowej (Input Layer Definition)
         *
 ********1*********2*********3*********4*********5*********6*********7***/
LAYER lay1     1   // Nwell
LAYER lay2     2   // Active
/LAYER lay2d1 602   // Aktywny (Bez CFactora tylko dla APT!!!!)
LAYER lay3     3   // Pole
LAYER lay4     4   // Warstwa zakopana
/LAYER lay4d1 604   // Warstwa zakopana (Bez CFactora tylko dla APT!!!!)
//LAYER lay5     5   // Poly
LAYER lay6     6   // N+ Implant
LAYER lay7     7   // Kontakt
```

```
//LAYER lay8    8  // Metal 1
LAYER lay9     9  // Silox
/LAYER lay9d1 609  // Silox (No CFactor for APT ONLY!!!)
LAYER lay10   10  // Collector Sinker
LAYER lay11   11  // P+ Implant
LAYER lay12   12  // Dual Gate
LAYER lay13   13  // Waraktor
LAYER lay14   14  // DN Implant
LAYER lay15   15  // Reverse Active
/LAYER lay15d1 615  // Odwróć się aktywny (Brak CFactora tylko dla APT!!!!)
LAYER lay16   16  // DP Implant
LAYER lay17   17  // Via 1
//LAYER lay18   18  // Metal 2
LAYER lay19   19
LAYER lay20   20
LAYER lay21   21  // Spacer Clear
LAYER lay22   22  // TiN Capacitor
LAYER lay23   23  // Base Poly
LAYER lay24   24
LAYER lay25   25  // Warstwa znakowania ESD
LAYER lay26   26  // Metal Resistor
LAYER lay27   27  // Via 2
//LAYER lay28   28  // Metal 3
LAYER lay29   29  // Emiter Poly
LAYER lay30   30  // TM Clear
LAYER lay31   31  // Emiter
LAYER lay32   32  // Slot Via1
LAYER lay33   33  // Okno nadajnika
LAYER lay34   34  // Implant NPN High Speed
LAYER lay35   35
LAYER lay36   36
LAYER lay37   37
/LAYER lay38   38
LAYER lay39   39  // CMOS Pionowa warstwa znakowania NPN
LAYER lay40   40  // Silicide Block
LAYER lay41   41  // Deep Trench
LAYER lay42   42
LAYER lay43   43
LAYER lay44   44
LAYER lay45   45  // Warstwa znakowania artefaktów
```

```
LAYER lay46   46  // Metalowa warstwa znakowania bezpieczników
LAYER lay47   47
/LAYER lay48   48
LAYER lay49   49
LAYER lay50   50
LAYER lay51   51  // Induktorowa warstwa znakowania
LAYER lay52   52
LAYER lay53   53
LAYER lay54   54  // Wysokowartościowy rezystor
LAYER lay55   55  // Slot Kontakt
LAYER lay56   56
LAYER lay57   57
/LAYER lay58   58
LAYER lay59   59  // PK Implant
LAYER lay60   60
LAYER lay61   61  // NK Implant
LAYER lay62   62
LAYER lay63   63  // Warstwa znakowania konturów komórek
LAYER lay64   64  // Warstwa znakowania komórek NPN
LAYER lay65   65
Layer LAYER66   66  // PNP Warstwa znakowania komórek
LAYER lay67   67
LAYER lay68   68  // Nwell 2
LAYER lay69   69
LAYER lay70   70
LAYER lay71   71
LAYER lay72   72  // Miedziana warstwa znakowania rowków
LAYER lay73   73  // specjalny do warstwy znakowania hvfet1
LAYER lay74   74  // Warstwa znakowania poduszek kablowych
LAYER lay75   75  // Warstwa znakowania diodowego
LAYER lay76   76
LAYER lay77   77
LAYER lay78   78  // Warstwa znacznikowa RAM
LAYER lay79   79  // Warstwa znakowania ROMu
LAYER lay80   80  // NWell Resistor marker Layer
LAYER lay81   81
LAYER lay82   82
LAYER lay83   83
LAYER h2_n    84  // specjalny dla warstwy znakującej hvfet2
LAYER lay85   85
```

```
LAYER lay86   86
LAYER lay87   87
LAYER lay88   88
LAYER lay89   89
LAYER lay90   90
LAYER lay91   91
LAYER lay92   92   // Miedziana warstwa znakowania rowków
LAYER lay93   93
LAYER lay94   94
LAYER lay95   95   // ABLB
LAYER lay96   96
LAYER lay97   97   // Poly OPC Warstwa blokująca
LAYER lay98   98   // Met1 OPC Warstwa blokująca
LAYER lay99   99
Layer LAYER105   105 // Analogowa warstwa znakowania LPNP
LAYER lay107   107 // Warstwa Varactor Markin Layer
LAYER lay108   108 // Silicided Resistor Marking Layer
LAYER ql_n    115 // specjalny do warstwy znakowania hvnmrk
LAYER ql_p    116 // specjalny do warstwy znakowania hvpmrk

// metalowy wsad poli
LAYER lay5     505   // Poly
LAYER lay8     801 // Metal 1
LAYER lay18     802 // Metal 2
LAYER lay28     803 // Metal 3
LAYER lay38     804 // Metal 4
LAYER lay48     805 // Metal 5
LAYER lay58     806 // Metal 6

MAPA WARSTWOWA  5 DATATYPE    0 505
MAPA WARSTWOWA  8 DATATYPE !=30 801
MAPA WARSTWOWA 18 DATATYPE !=30 802
MAPA WARSTWOWA 28 DATATYPE !=30 803
MAPA WARSTWOWA 38 DATATYPE !=30 804
MAPA WARSTWOWA 48 DATATYPE !=30 805
MAPA WARSTWOWA 58 DATATYPE !=30 806

// blokowanie warstw
LAYER lay5d30 705 // Poly Fill Block
LAYER lay8d30 711 // Oznaczenie klocka wypełniającego Met1
```

```
LAYER lay18d30 712   // Oznaczenie klocków do wypełniania manekinów Met2
LAYER lay28d30 713   // Oznaczenie klocków do wypełniania manekinów Met3
LAYER lay38d30 714   // Oznaczenie klocków do wypełniania manekinów Met4
LAYER lay48d30 715   // Oznaczenie klocków do wypełniania manekina Met5
LAYER lay58d30 716   // Oznakowanie klocków do wypełniania manekinów Met6

MAPA WARSTWOWA 5 DATATYPE 30 705
MAPA WARSTWOWA 8 DATATYPE 30 711
MAPA WARSTWOWA 18 DATATYPE 30 712
MAPA WARSTWOWA 28 DATATYPE 30 713
MAPA WARSTWOWA 38 DATATYPE 30 714
MAPA WARSTWOWA 48 DATATYPE 30 715
MAPA WARSTWOWA 58 TYP DANYCH 30 716

poliblok = COPY lay5d30
met1blk = COPY lay8d30
met2blk = COPY lay18d30
met3blk = COPY lay28d30
met4blk = COPY lay38d30
met5blk = COPY lay48d30
met6blk = COPY lay58d30

czip   = EXTENT

// *************************************************************
// *                    M1 kontrola gęstości                    *
// *************************************************************

8.D.before {\i0}
 @ [zasada 8.D] M1 Gęstość zaludnienia
 GĘSTOŚĆ warstwy8 < 0,99 WŁAŚCIWOŚĆ WIERZCHODU DRUKUJĄCEGO
metal1_before_fill.density
}

// *************************************************************
// *                    Kontrola gęstości M2                    *
// *************************************************************

18.D.before {\i1}
 @ [zasada 18.D] M2 Gęstość zaludnienia
```

```
 GĘSTOŚĆ ułożenia18 < 0,99 WKŁAD WIERZCHODU LAYER DRUKOWANIE
metal2_przed_wypełnianiem.gęstość
}

// ***************************************************************
// *                    Kontrola gęstości M3                     *
// ***************************************************************

28.D.before {\i1}
 @ [zasada 28.D] M3 Gęstość zaludnienia
 GĘSTOŚĆ ułożenia28 < 0,99 WKŁAD WIERZCHODU LAYER DRUKOWANIE
metal3_przed_wypełnianiem.gęstość
}

// ***************************************************************
// *                    Kontrola gęstości M4                     *
// ***************************************************************

38.D.before {\i1}
 @ [zasada 38.D] M4 Gęstość zaludnienia
 GĘSTOŚĆ warstwy38 < 0,99 WŁÓKNICA WIERZCHATA DRUKUJĄCA
metal4_przed_wypełnianiem.gęstość
}

// ***************************************************************
// *                    Kontrola gęstości M5                     *
// ***************************************************************
48.D.before {\i0}
 @ [zasada 48.D] M5 Gęstość zaludnienia
 GĘSTOŚĆ ułożenia48 < 0,99 WŁÓKNICA WIERZCHATA DRUKUJĄCA
metal5_przed_wypełnianiem.gęstość
}
```

yes

I want morebooks!

Buy your books fast and straightforward online - at one of world's fastest growing online book stores! Environmentally sound due to Print-on-Demand technologies.

Buy your books online at
www.morebooks.shop

Kaufen Sie Ihre Bücher schnell und unkompliziert online – auf einer der am schnellsten wachsenden Buchhandelsplattformen weltweit! Dank Print-On-Demand umwelt- und ressourcenschonend produzi ert.

Bücher schneller online kaufen
www.morebooks.shop

KS OmniScriptum Publishing
Brivibas gatve 197
LV-1039 Riga, Latvia
Telefax: +371 686 204 55

info@omniscriptum.com
www.omniscriptum.com

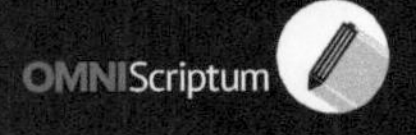

Printed by Books on Demand GmbH, Norderstedt / Germany